AF224819

EXPLICATION

DE LA

CARTE GÉOLOGIQUE

DE LA FRANCE

EXPLICATION

DE LA

CARTE GÉOLOGIQUE

DE LA FRANCE

PUBLIÉE

PAR ORDRE DE M. LE MINISTRE DES TRAVAUX PUBLICS

TOME QUATRIÈME

ATLAS

PREMIÈRE PARTIE. — FOSSILES PRINCIPAUX DES TERRAINS

PAR E. BAYLE

INGÉNIEUR EN CHEF DES MINES, PROFESSEUR DE PALÉONTOLOGIE À L'ÉCOLE NATIONALE DES MINES

SECONDE PARTIE. — VÉGÉTAUX FOSSILES DU TERRAIN HOUILLER

PAR R. ZEILLER

INGÉNIEUR AU CORPS NATIONAL DES MINES

PARIS

IMPRIMERIE NATIONALE

M DCCC LXXVIII

PREMIÈRE PARTIE

FOSSILES PRINCIPAUX DES TERRAINS

PAR E. BAYLE

INGÉNIEUR EN CHEF DES MINES

PROFESSEUR DE PALÉONTOLOGIE À L'ÉCOLE NATIONALE DES MINES

PLANCHE I.

PLANCHE I.

————

EXPLICATION DES FIGURES.

Fig. 1. — **Megalaspis Desmaresti**. Brongniart, sp. — Empreinte d'un individu de grande taille réduit d'un tiers et déformé. La tête montre la place de l'œil droit et la suture faciale, dont les deux branches se réunissent au droit du lobe frontal de la glabelle. Le contour postérieur porte deux longues pointes génales qui s'étendent jusqu'au septième anneau du thorax, dont les huit sont distincts. L'axe de l'abdomen est visible, ainsi que les sillons des plèvres.

Silurien inférieur. Schistes ardoisiers d'Angers (Maine-et-Loire).

Fig. 2. — **Megalaspis Desmaresti**. Brongniart, sp. — Individu déformé, de la forme longue. Il ne reste de la tête que l'anneau occipital et le bourrelet postérieur du côté droit. Le thorax, bien conservé, montre son axe et ses plèvres à sillons. L'abdomen offre du côté gauche les sillons de ses plèvres bien accusés.

Silurien inférieur. Vitré (Ille-et-Vilaine).

Fig. 3. — **Megalaspis Desmaresti**. Brongniart, sp. — Hypostome d'un individu de taille moyenne, dans un remarquable état de conservation.

Silurien inférieur. Vitré (Ille-et-Vilaine).

Dessiné d'après nat. et lith. par N.H. Jacob.   Imp. Lemercier et Cie Paris

PLANCHE II.

PLANCHE II.

EXPLICATION DES FIGURES.

Fig. 1. — **Homalonotus Gervillei.** De Verneuil. — Tête d'un individu de grande taille, dont le test est en grande partie conservé. Le moule, sur la plus grande partie de la glabelle et de la joue gauche, est fortement ponctué. On voit l'empreinte de la base des yeux, qui ne sont pas conservés. La grande suture fasciale est bien distincte.

Dévonien inférieur. Calcaire de Néhou (Manche).

Fig. 2. — **Homalonotus Brongniarti.** Deslongchamps, sp. — Tête d'un individu montrant distinctement la glabelle avec ses sillons, la place de l'œil gauche et une partie de la suture fasciale. L'anneau occipital est également très-distinct.

Silurien inférieur. Grès de May (Calvados).

Fig. 3. — **Homalonotus Gervillei.** De Verneuil. — Abdomen d'un grand individu, dont on voit la plus grande portion du contour extérieur. Le test, recouvert de ses granulations irrégulières, se montre sur presque toute la partie postérieure de cet abdomen.

Dévonien inférieur. Calcaire de Néhou (Manche).

Fig. 4. — **Homalonotus Vicaryi.** Salter. — Abdomen, dont l'axe et le contour postérieur sont fort bien conservés.

Silurien inférieur. Grès de May (Calvados).

Fig. 5. — **Homalonotus Deslongchampsi.** Tromelin. — Portion d'un individu de grande taille, montrant deux anneaux du thorax et l'abdomen dont l'axe, les plèvres et le contour extérieur sont très-distincts.

Silurien inférieur. Grès de May (Calvados).

Fig. 6. — **Homalonotus Gervillei.** De Verneuil. — Portion d'un individu de taille moyenne, montrant huit anneaux du thorax et la plus grande partie de l'abdomen. L'extrémité des plèvres de trois des anneaux du thorax est entièrement visible.

Dévonien inférieur. Calcaire de Néhou (Manche).

Dessiné d'après nat. et lith. par R. H. Jacob

Imp. Lemercier et C.ie Paris.

PLANCHE III.

PLANCHE III.

EXPLICATION DES FIGURES.

FIG. 1. — **Calymene Tristani**. BRONGNIART. — Individu de taille moyenne, légèrement déformé. La tête montre distinctement son contour antérieur, la glabelle avec ses sillons et la place laissée par l'œil droit, qui est brisé. Le thorax présente douze anneaux; le treizième est replié vers l'abdomen, et la position de l'individu ne permet pas de le voir.
Silurien inférieur. Vitré (Ille-et-Vilaine).

FIG. 2. — **Calymene Tristani**. BRONGNIART. — Individu de la forme large, disposé pour montrer l'abdomen, dont l'axe et les plèvres sont bien distincts.
Silurien inférieur. Vitré (Ille-et-Vilaine).

FIG. 3. — **Calymene Tristani**. BRONGNIART. — Individu de la forme longue, très-déformé. On voit la glabelle, la place de l'œil droit, les treize anneaux du thorax ainsi que l'abdomen.
Silurien inférieur. Riadan.

FIG. 4. — **Calymene Tristani**. BRONGNIART. — Individu déformé de la forme large. La tête montre distinctement la glabelle, la place des yeux et une partie de la suture faciale.
Silurien inférieur. Vitré (Ille-et-Vilaine).

FIG. 5. — **Calymene Tristani**. BRONGNIART. — Individu de petite taille, très-déformé. La tête a glissé sur le thorax; on y distingue la glabelle, la place des deux yeux, et, du côté droit, la suture faciale. Le thorax ne laisse voir que onze anneaux.
Silurien inférieur. Caro (Morbihan).

FIG. 6. — **Calymene Tristani**. BRONGNIART. — Individu de taille moyenne vu de côté pour montrer le relèvement du bord frontal du contour antérieur de la tête. La suture faciale est très-visible.
Silurien inférieur. Caro (Morbihan).

FIG. 7. — Le même, montrant toute sa tête.

FIG. 8. — **Calymene Tristani**. BRONGNIART. — Tête d'un individu de la forme longue, légèrement déformé. La glabelle avec ses sillons est bien distincte.
Silurien inférieur. Caro (Morbihan).

FIG. 9. — **Calymene Tristani**. BRONGNIART. — Abdomen d'un individu de la forme large, très-déformé. On voit une portion du test sur le côté droit.
Silurien inférieur. Caro (Morbihan).

FIG. 10. — **Calymene Aragoi**. Marie ROUAULT. — Individu dont la tête, en partie conservée, montre la glabelle avec ses sillons, la place de l'œil droit. L'abdomen est replié sous le thorax.
Silurien inférieur. Bain (Ille-et-Vilaine).

FIG. 11. — Le même, présentant une partie du thorax et de l'abdomen. On remarque les deux saillies triangulaires des plèvres abdominales, saillies caractéristiques de cette espèce.

Dessiné d'ap. nat. et lith. par R. H. ducol.   Imp. Lemercier et Cie Paris.

PLANCHE IV.

PLANCHE IV.

———

EXPLICATION DES FIGURES.

Fig. 1. — **Chirurus**......... — Abdomen déformé d'une espèce qu'il est impossible de déterminer avec certitude.
Silurien inférieur. Vitré (Ille-et-Vilaine).

Fig. 2. — **Illænus**......... — Moule d'un individu déformé, engagé dans du schiste. Les yeux ne sont pas visibles. A l'extrémité de l'abdomen on aperçoit l'empreinte d'une portion de la doublure abdominale.
Silurien inférieur. Bain (Ille-et-Vilaine).

Fig. 3. — **Illænus**......... — Individu déformé par la pression. La tête montre la base de l'œil droit et la suture faciale. On distingue les dix anneaux du thorax. Le contour postérieur de l'abdomen est brisé.
Silurien inférieur. Vitré (Ille-et-Vilaine).

Fig. 4. — **Phacops latifrons.** Bronn. — Individu de taille moyenne, vu de côté. La tête montre distinctement la glabelle couverte de fortes granulations et les deux yeux. On remarque tous les anneaux du thorax. L'abdomen, replié sur la face ventrale, n'est pas visible.
Dévonien moyen. Eifel.

Fig. 5. — **Phacops latifrons.** Bronn. — OEil gauche grossi quatre fois, montrant les cinq lentilles de chaque rangée.
Dévonien moyen. Eifel.

Fig. 6. — Quatre lentilles du même œil, grossies six fois, pour faire voir la forme hexagonale de la cornée entre chaque lentille.

Fig. 7. — **Phacops Potieri.** Bayle. — Tête d'un individu de moyenne taille, montrant l'œil gauche, la glabelle et une portion du bord postérieur.
Dévonien inférieur. Viré (Sarthe).

Fig. 8. — La même, vue de côté.

Fig. 9. — OEil gauche du même individu, grossi.

Fig. 10. — Quatre lentilles du même œil grossies six fois. On voit que, par les granulations de la glabelle, le nombre des lentilles de ses yeux, ce Phacops diffère du P. latifrons.

Fig. 11. — **Cryphæus Michelini.** Marie Rouault, sp. — Tête d'un individu de la plus grande taille connue, dont les yeux sont détruits, mais dont les pointes génales sont intactes.
Dévonien inférieur. Néhou (Manche).

Fig. 12. — **Cryphæus Michelini.** Marie Rouault, sp. — Abdomen d'un autre individu, montrant les pointes dont son pourtour est orné, mais qui sont presque toutes brisées à leur extrémité.
Dévonien inférieur. Néhou (Manche).

Fig. 13. — **Cryphæus Michelini.** Marie Rouault, sp. — Jeune individu montrant la tête, dépourvue de ses pointes génales, et trois anneaux du thorax.
Dévonien inférieur. Néhou (Manche).

Fig. 14. — Le même, vu du côté gauche; on voit qu'il est enroulé en boule.

Fig. 15. — Le même, montrant les derniers anneaux du thorax et l'abdomen, dont les pointes du contour extérieur ne sont pas conservées.

Fig. 16. — OEil gauche du même individu, grossi quatre fois, montrant la surface visuelle.

Fig. 17. — **Goldius Gervillei.** Barrande, sp. — Individu type de l'espèce. La tête montre tout son contour antérieur, une portion de la glabelle; les yeux manquent ainsi que l'anneau occipital. Le thorax se compose de dix anneaux. L'abdomen est fort bien conservé, on y remarque un petit sillon impair, très-rapproché de son extrémité, et qui est caractéristique de l'espèce.
Dévonien inférieur. Néhou (Manche).

Fig. 18. — **Proetus OEhlerti.** Bayle. — Jeune individu complet.
Dévonien inférieur. Néhou (Manche).

Fig. 19. — **Proetus OEhlerti.** Bayle. — Tête d'un autre individu de plus grande taille, vue de côté et dont l'œil gauche est très-bien conservé.
Dévonien inférieur. Néhou (Manche).

Fig. 20. — La même, vue en dessus.

Fig. 21. — **Proetus OEhlerti.** Bayle. — Abdomen d'un autre individu de taille moyenne.
Dévonien inférieur. Néhou (Manche).

Fig. 22. — **Phillipsia gemmulifera.** Phillips, sp. — Abdomen de grandeur naturelle, vu en dessus. Cet exemplaire, provenant de la collection Koninck, a été déjà figuré par M. de Koninck (*Description des anim. foss. du terr. carbon. de Belgique,* pl. LIII, fig. 4, 1842-1844).
Argile carbonifère. Tournay (Belgique).

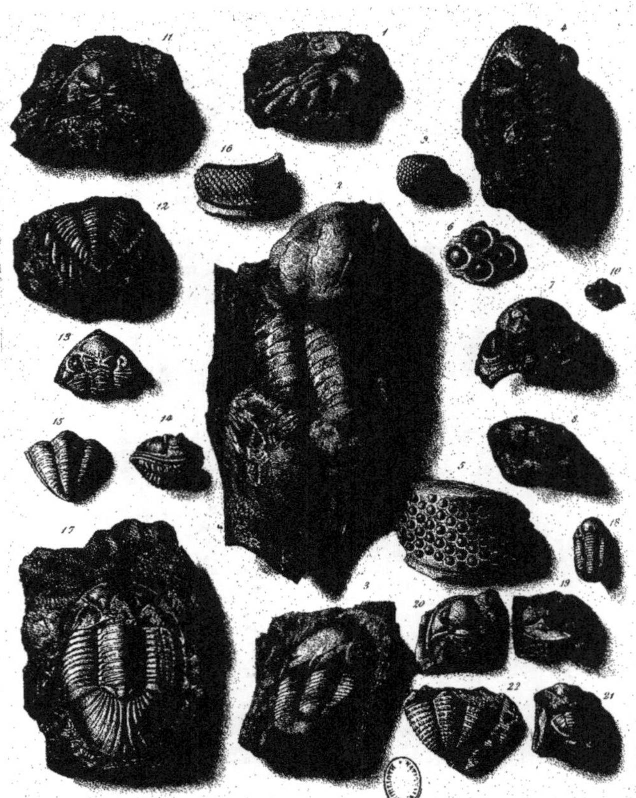

Dess. d'ap nat et lith. par N.H. Jacob.

Imp. Lemercier et Cie Paris.

PLANCHE V.

PLANCHE V.

EXPLICATION DES FIGURES.

Fig. 1. — **Acidaspis Buchi.** Barrande. — Portion du thorax d'un individu dont la tête et l'abdomen ne sont pas conservés. On distingue huit anneaux du thorax dont quelques plèvres présentent leurs pointes. Cet individu fait partie de la collection de M. Bertrand-Geslin.

Silurien inférieur. Schistes de Poligné (Ille-et-Vilaine).

Fig. 2. — **Cyrtoceras Zeilleri.** Bayle. — Individu en partie engagé dans la gangue, ayant conservé une partie de son test. Vers la pointe on distingue les premières cloisons.

Dévonien inférieur. Néhou (Manche).

Fig. 3. — **Cyrtoceras Zeilleri.** Bayle. — Autre individu dont le test montre les côtes dont il est orné.

Dévonien inférieur. Néhou (Manche).

Fig. 4. — **Cyrtoceras Chaperi.** Bayle. — Portion d'un individu de grande taille réduit d'un tiers, vu du côté ventral. On distingue une partie des cloisons ainsi que la dernière loge. Quelques portions du test sont conservées.

Dévonien inférieur. Néhou (Manche).

Fig. 5. — **Cyrtoceras Chaperi.** Bayle. — Section longitudinale d'un individu, montrant les cloisons et le siphon situé sur le bord ventral.

Dévonien inférieur. Néhou (Manche).

Fig. 6. — **Aganides Fourneti.** Bayle. — Moule d'un individu vu de côté. Les cloisons et la dernière loge sont visibles.

Dévonien. Neffiez (Hérault).

Fig. 7. — Le même, vu du côté ventral pour montrer le lobe ventral des cloisons.

Fig. 8. — **Aganides amblylobus.** Sandberger, sp. — Moule d'un individu présentant la plus grande partie de la dernière loge, vu de côté.

Dévonien. Nehden, près de Brillon (Allemagne).

Fig. 9. — Le même, représenté du côté ventral.

Fig. 10. — **Aganides retrorsus.** V. Bucu, sp. — Moule d'un individu dont la dernière loge n'est pas entière, vu de côté.

Dévonien. Eifel.

Fig. 11. — Le même, vu du côté ventral.

Fig. 12. — **Aganides......** — Moule d'un individu privé de sa dernière loge, vu de côté.

Dévonien. Eifel.

Fig. 13. — Le même, vu du côté ventral.

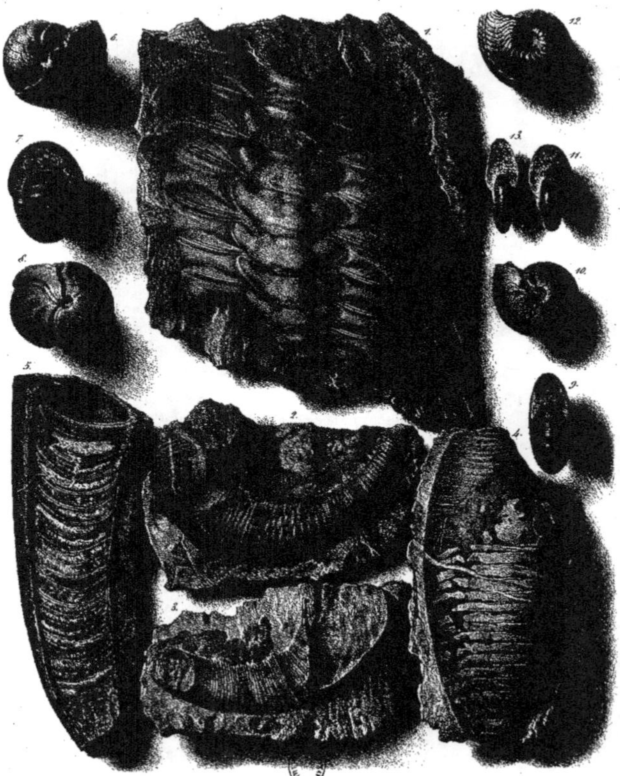

Pl. V.
Dess. d'ap. nat. et lith. par N.H. Jacob.
Imp Lemercier et Cie Paris

PLANCHE VI.

EXPLICATION DES FIGURES.

Fig. 1. — **Terebratula perovalis.** J. de C. Sowerby. — Individu de grande taille, remarquable par sa largeur. On voit que les lames d'accroissement de la valve dorsale sont irrégulièrement accusées.

Oolithe inférieure. Les Moutiers, près de Caen (Calvados).

Fig. 2. — **Terebratula perovalis.** J. de C. Sowerby. — Individu moins large que le précédent et dont la valve dorsale est également plus convexe.

Oolithe inférieure. Les Moutiers, près de Caen (Calvados).

Fig. 3. — Le même, vu de côté pour montrer la convexité des deux valves.

Fig. 4. — **Terebratula perovalis.** J. de C. Sowerby. — Jeune individu. Le crochet de la valve ventrale cache le deltidium.

Oolithe inférieure. Les Moutiers, près de Caen (Calvados).

Fig. 5. — Le même, vu par la valve ventrale.

Fig. 6. — **Terebratula Phillipsi.** Morris. — Individu de grande taille, dont le développement irrégulier a produit une forme assez dissymétrique.

Oolithe inférieure. Saint-Vigor, près de Bayeux (Calvados).

Fig. 7. — **Terebratula Kleini.** Valenciennes. — Individu de grande taille, posé sur la valve ventrale et montrant la valve dorsale. Les sinus du bord frontal sont bien plus accusés que dans la *Terebratula perovalis.*

Oolithe inférieure. Les Moutiers, près de Caen (Calvados).

Dessiné d'ap. nat. et lith. par N.H.Jacob — Imp. Lemercier et Cie Paris

PLANCHE VII.

PLANCHE VII.

EXPLICATION DES FIGURES.

Fig. 1. — **Terebratula Faivrei.** Bayle. — Individu de la plus grande taille connue, posé sur la valve ventrale et montrant la valve dorsale.

    Oolithe inférieure. Tour-de-Pré, près d'Avallon (Yonne).

Fig. 2. — **Terebratula latifrons.** Bayle. — Individu de la plus grande taille connue, montrant la valve dorsale. Espèce remarquable par l'élargissement du front.

    Oolithe inférieure. Tour-de-Pré, près d'Avallon (Yonne).

Fig. 3. — **Terebratula Helena.** Bayle. — Individu de grande taille posé sur la valve ventrale et montrant la valve dorsale.

    Oolithe inférieure. Tour-de-Pré, près d'Avallon (Yonne).

Fig. 4. — **Terebratula maxillata.** J. de C. Sowerby. — Individu de moyenne taille, montrant la valve dorsale.

    Grande oolithe. Bath (Angleterre).

Fig. 5. — **Terebratula maxillata.** J. de C. Sowerby. — Individu vu du côté frontal, pour faire voir les sinus du front.

    Grande oolithe. Villey-Saint-Étienne (Meurthe).

Fig. 6. — Le même, posé sur la valve ventrale, pour montrer la valve dorsale.

Fig. 7. — **Terebratula Ranvillensis.** Bayle. — Individu montrant la valve ventrale.

    Grande oolithe. Ranville (Calvados).

Fig. 8. — Le même, présentant la valve dorsale; remarquable par la profondeur du sinus frontal.

Fig. 9. — **Terebratula Quillyensis.** Bayle. — Individu de la plus grande taille connue, montrant la valve dorsale. Le sinus frontal est plus large et moins profond que dans la *Terebratula Ranvillensis*.

    Fullers earth (calcaire de Caen). Quilly (Calvados).

1
2
3
4
5
6
7
9
8

PLANCHE VIII.

PLANCHE VIII.

EXPLICATION DES FIGURES.

Fig. 1. — **Terebratula Repellini.** D'Orbigny. — Individu de la plus grande taille connue, montrant la valve dorsale, le long crochet de la valve ventrale dont on voit le deltidium.
Kimmeridien inférieur. L'Échaillon (Isère).

Fig. 2. — Le même, vu par la face externe de la valve ventrale.

Fig. 3. — **Terebratula Repellini.** D'Orbigny. — Autre individu d'une forme plus arrondie que le précédent.
Kimmeridien inférieur. L'Échaillon (Isère).

Fig. 4. — **Terebratula cincta.** Cotteau. — Individu dont le sinus frontal est très-profond.
Astartien (calcaire du château). Bourges (Cher).

Fig. 5. — **Terebratula cincta.** Cotteau. — Individu de la plus grande taille connue. Le sinus frontal est plus large et moins profond que dans le précédent.
Astartien (calcaire du château). Bourges (Cher).

Fig. 6. — **Terebratula cincta.** Cotteau. — Autre individu dans lequel le crochet est plus recourbé que dans les deux précédents; il ne laisse pas voir le deltidium.
Astartien (calcaire du château). Bourges (Cher).

Fig. 7. — **Terebratula cincta.** Cotteau. — Autre individu vu par la face externe de la valve ventrale. Le bourrelet frontal est assez étroit.
Astartien (calcaire du château). Bourges (Cher).

Fig. 8. — **Terebratula cincta.** Cotteau. — Autre individu posé pour montrer les sinus du bord frontal.
Astartien (calcaire du château). Bourges (Cher).

Fig. 9. — **Terebratula cincta.** Cotteau. — Autre individu montrant la valve dorsale et le crochet de la valve ventrale. Le sinus frontal est plus profond et plus étroit que dans les individus dessinés figures 5 et 6.
Astartien (calcaire du château). Bourges (Cher).

Fig. 10. — **Terebratula cincta.** Cotteau. — Individu déjà dessiné (fig. 8), montrant la valve dorsale et le crochet de la valve ventrale. On distingue le deltidium.

Fig. 11. — **Zeilleria Egena.** Bayle. — Jeune individu montrant la face externe de la valve ventrale.
Astartien (calcaire du château). Bourges (Cher).

Fig. 12. — **Terebratula cincta.** Cotteau. — Jeune individu dont le crochet de la valve ventrale est très-développé.
Astartien (calcaire du château). Bourges (Cher).

Fig. 13. — **Terebratula cincta.** Cotteau. — Jeune individu, irrégulièrement développé montrant la surface externe de la valve ventrale, dont le bourrelet frontal est assez saillant.
Astartien (calcaire du château). Bourges (Cher).

Fig. 14. — **Zeilleria Egena.** Bayle. — Jeune individu déjà représenté par la figure 11. Le deltidium et l'aréa de la valve ventrale sont très-distincts.

Dessiné d'ap. nat. et lith par N. H. Jacob.

Imp. Lemercier et Cie Paris.

PLANCHE IX.

PLANCHE IX.

EXPLICATION DES FIGURES.

FIG. 1. — **Zeilleria numismalis.** LAMARCK, sp. — Individu de grandeur naturelle, montrant l'extérieur de la valve ventrale.

Lias moyen. Évrecy (Calvados).

FIG. 2. — Le même, posé sur la valve ventrale. On distingue le deltidium et le trou très-petit du crochet de la valve ventrale.

FIG. 3. — Le même, vu de côté pour faire voir sa forme aplatie.

FIG. 4. — **Zeilleria cor.** VALENCIENNES, sp. — Individu adulte de grandeur naturelle. On remarque l'échancrure profonde du bord frontal.

Lias inférieur. Subles (Calvados).

FIG. 5. — **Zeilleria cornuta.** SOWERBY, sp. — Individu de taille moyenne de grandeur naturelle, vu par la face extérieure de la valve ventrale.

Lias moyen. Évrecy (Calvados).

FIG. 6. — Le même, posé sur la valve ventrale. Les deux lignes qui, partant du sommet, limitent l'aréa, sont très-distinctes.

FIG. 7. — Le même, vu de côté. On voit que l'espèce est plus renflée que la *Z. numismalis*.

FIG. 8. — **Zeilleria quadrifida.** VALENCIENNES, sp. — Jeune individu de grandeur naturelle, vu par l'extérieur de la valve ventrale.

Lias moyen. Pont-de-Landes (Calvados).

FIG. 9. — Le même, montrant la valve dorsale.

FIG. 10. — **Zeilleria quadrifida.** VALENCIENNES, sp. — Autre individu, dont les découpures sont moins profondes que dans le précédent. Le crochet de la valve ventrale est également plus proéminent.

Lias moyen. Pont-de-Landes (Calvados).

FIG. 11. — Extérieur de la valve ventrale du même individu.

FIG. 12. — **Zeilleria quadrifida.** VALENCIENNES, sp. — Une autre variété de la même espèce.

Lias moyen. Pont-de-Landes (Calvados).

FIG. 13. — **Zeilleria quadrifida.** VALENCIENNES, sp. — Autre individu d'une forme plus triangulaire que celle des variétés précédentes.

Lias moyen. Subles (Calvados).

FIG. 14. — **Zeilleria cornuta.** SOWERBY, sp. — Jeune individu vu de côté pour montrer sa forme renflée.

Lias moyen. Fontaine-Étoupefour (Calvados).

FIG. 15. — Le même, posé sur la valve ventrale. On voit la valve dorsale, l'aréa, le deltidium et le trou du crochet de l'autre valve.

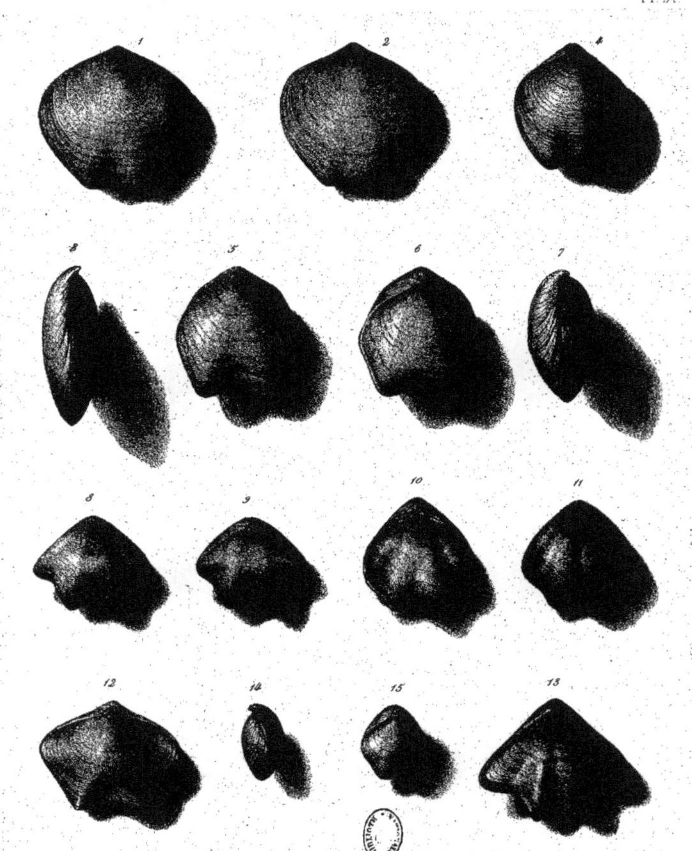

Dessiné d'ap. nat.et lith.par N.H. Jacob.

Imp. Lemercier et C.ᵉ Paris.

PLANCHE X.

PLANCHE X.

—

EXPLICATION DES FIGURES.

Fig. 1. — **Atrypa explanata.** V. Schlotheim, sp. — Individu de la plus grande taille connue, posé sur la valve ventrale. On a enlevé une portion du test de l'autre valve pour faire voir la pointe des deux cônes spiraux.

Dévonien. Eifel.

Fig. 2. — **Atrypa prisca.** V. Schlotheim, sp. — Individu de grandeur naturelle, vu de côté pour montrer la convexité de la valve dorsale.

Dévonien. Eifel.

Fig. 3. — **Atrypa explanata.** V. Schlotheim, sp. — Individu dont la valve dorsale est en très-grande partie détruite, mais qui a conservé en place les deux cônes spiraux.

Dévonien. Eifel.

Fig. 4. — **Atrypa prisca.** V. Schlotheim, sp. — Jeune individu vu par l'extérieur de la valve ventrale.

Dévonien. Eifel.

Fig. 5. — Le même, montrant l'autre valve. On aperçoit le crochet de la valve ventrale et le petit trou qui le termine.

Fig. 6. — **Meganteris inornata.** D'Orbigny, sp. — Moule d'un individu adulte, vu de côté pour montrer la forme remarquablement aplatie de cette espèce.

Dévonien inférieur. Sabero (province de Léon, Espagne).

Fig. 7. — Le même, posé sur la valve ventrale, dont on distingue le crochet, le trou terminal et le deltidium. La valve dorsale a conservé une partie de son test vers le crochet.

Fig. 8. — **Meganteris inornata.** D'Orbigny, sp. — Intérieur de la valve dorsale d'un autre individu, montrant le processus cardinal très-développé.

Dévonien inférieur. Sabero (province de Léon, Espagne).

Fig. 9. — **Meganteris inornata.** D'Orbigny, sp. — Intérieur de la valve ventrale d'un autre individu, dont on voit l'appareil cardinal.

Dévonien inférieur. Sabero (province de Léon, Espagne).

Fig. 10. — **Athyris concentrica.** V. Buch, sp. — Individu de grandeur naturelle, qui a été préparé pour montrer la position et la forme des cônes spiraux.

Dévonien. Ferques (Pas-de-Calais).

Fig. 11. — **Atrypa squamigera.** Steininger, sp. — Individu de la plus grande taille connue, vu par l'extérieur de la valve ventrale.

Dévonien. Ferques (Pas-de-Calais).

Fig. 12. — Le même, vu de côté.

Fig. 13. — Le même, posé sur la valve ventrale, dont on distingue le crochet et le trou qui le termine.

PLANCHE XI.

PLANCHE XI.

EXPLICATION DES FIGURES.

FIG. 1. — **Athyris Ezquerrai.** DE VERNEUIL ET D'ARCHIAC, sp. — Individu de la plus grande taille connue, montrant la valve dorsale; on voit le trou du crochet de la valve ventrale.

Dévonien inférieur. Ferroñes (Asturies, Espagne).

FIG. 2. — Le même, présentant la surface extrême de la valve ventrale.

FIG. 3. — **Athyris Ezquerrai.** DE VERNEUIL ET D'ARCHIAC, sp. — Individu plus jeune, montrant la valve dorsale et le trou du crochet de la valve ventrale.

Dévonien inférieur. Sabero (province de Léon, Espagne).

FIG. 4. — Le même, vu par la face externe de la valve ventrale.

FIG. 5. — **Athyris Phalæna.** PHILLIPS, sp. — Jeune individu de forme large, présentant la valve dorsale et le trou du crochet de la valve ventrale.

Dévonien inférieur. Ferroñas (Asturies, Espagne).

FIG. 6. — Le même, vu par la face extérieure de la valve ventrale.

FIG. 7. — **Athyris Phalæna.** PHILLIPS, sp. — Individu de taille moyenne, de forme triangulaire, montrant la valve dorsale et le trou du crochet de la valve ventrale.

Dévonien inférieur. Ferroñes (Asturies, Espagne).

FIG. 8. — Le même, vu par la surface externe de la valve ventrale.

FIG. 9. — **Athyris Phalæna.** PHILLIPS, sp. — Jeune individu de forme large, montrant la valve dorsale.

Dévonien inférieur. Ferroñes (Asturies, Espagne).

FIG. 10. — Le même, montrant la valve ventrale.

FIG. 11. — **Uncinulus subwilsoni.** D'ORBIGNY, sp. — Individu adulte, présentant le léger bourrelet médian de la valve dorsale et les stries fines dont elle est ornée.

Dévonien inférieur. Néhou (Manche).

FIG. 12. — Le même, montrant la valve ventrale, au milieu de laquelle on distingue un sinus peu profond correspondant au bourrelet de l'autre valve.

FIG. 13. — **Uncinulus subwilsoni.** D'ORBIGNY, sp. — Intérieur de la valve ventrale d'un individu adulte, dans laquelle on voit l'ouverture triangulaire du crochet, les impressions musculaires, cont deux sont très-saillantes et les deux autres profondes, disposition caractéristique de ce genre de Brachiopodes.

Dévonien inférieur. Néhou (Manche).

FIG. 14. — **Uncinulus subwilsoni.** D'ORBIGNY, sp. — Moule intérieur d'un individu adulte, offrant l'empreinte de la cavité de la valve ventrale, sur laquelle on distingue les impressions musculaires.

Dévonien inférieur. Néhou (Manche).

FIG. 15. — Individu déjà représenté par les figures 11 et 12, vu de côté, pour montrer l'inégalité des deux valves, dont la dorsale est la plus convexe.

FIG. 16. — Le même, posé pour montrer le sinus du bord frontal.

FIG. 17. — **Uncinulus Œhlerti.** BAYLE. — Individu adulte, montrant la valve dorsale. On distingue le trou très-petit du crochet de la valve ventrale.

Dévonien inférieur. Viré (Sarthe).

FIG. 18. — Le même, vu par la surface externe de la valve ventrale. On remarque que les plis ne s'étendent pas jusqu'aux crochets.

FIG. 19. — Le même, vu de côté, pour faire voir l'inégalité des deux valves et le relèvement du bord frontal.

FIG. 20. — Le même, montrant le large sinus plissé du bord frontal.

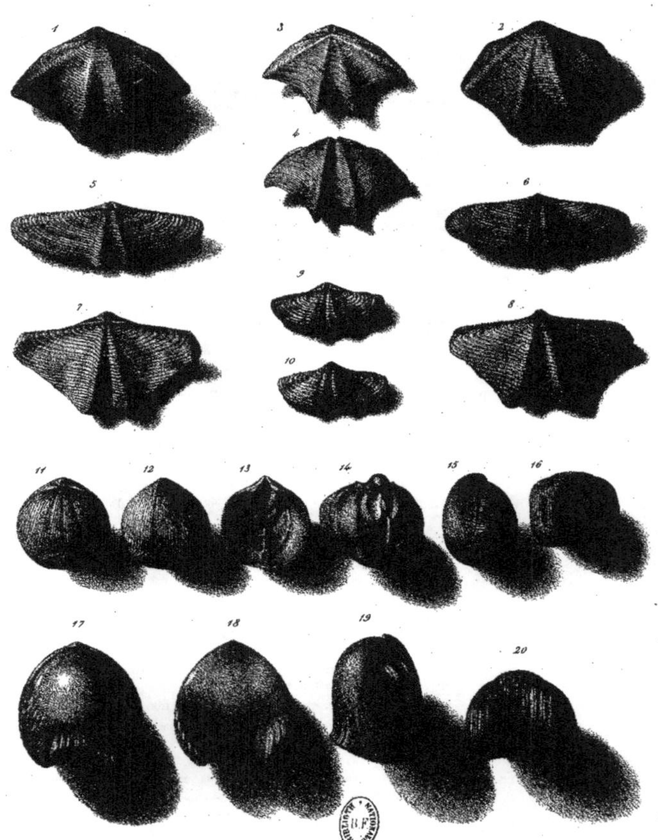

Imp. Lemercier et C.ie Paris.

PLANCHE XII.

PLANCHE XII.

EXPLICATION DES FIGURES.

Fig. 1. — **Rhynchonella acuminata.** Martin, sp. — Individu de grande taille, vu de côté pour montrer l'extrême inégalité des deux valves.
Calcaire carbonifère. Kildare (Irlande).

Fig. 2. — Le même, posé sur le crochet de la valve ventrale pour faire voir la hauteur du sinus du bord frontal.

Fig. 3. — **Rhynchonella acuminata.** Martin, sp. — Autre individu, vu du côté cardinal.
Calcaire carbonifère. Kildare (Irlande).

Fig. 4. — **Rhynchonella reniformis.** Sowerby. — Individu de taille moyenne, montrant les plis du bourrelet de la valve dorsale.
Calcaire carbonifère. Kildare (Irlande).

Fig. 5. — Le même, présentant la disposition du bord frontal.

Fig. 6. — **Seminula hastata.** J. de C. Sowerby, sp. — Individu de taille moyenne, présentant la valve dorsale et le crochet de la valve ventrale.
Calcaire carbonifère. Visé (Belgique).

Fig. 7. — **Seminula hastata.** J. de C. Sowerby, sp. — Jeune individu, vu par la face extérieure de la valve ventrale.
Calcaire carbonifère. Visé (Belgique).

Fig. 8. — Le même, présentant la valve dorsale et le crochet de la valve ventrale.

Fig. 9. — **Athyris concentrica.** V. Buch, sp. — Individu adulte, montrant la valve dorsale et le crochet de la valve ventrale qui est perforé, mais n'offre pas de deltidium.
Dévonien. Ferques (Pas-de-Calais).

Fig. 10. — Le même, vu par la face externe de la valve ventrale.

Fig. 11. — **Athyris undata.** Defrance, sp. — Individu adulte, montrant la valve dorsale avec son gros bourrelet médian et le crochet de la valve ventrale, terminé par un large trou sans deltidium.
Dévonien inférieur. Néhou (Manche).

Fig. 12. — **Athyris undata.** Defrance, sp. — Moule intérieur d'un individu adulte, très-bien conservé. On y remarque la trace de tout l'appareil cardinal, les impressions musculaires et les granulations qui recouvrent sa surface.
Dévonien inférieur. Néhou (Manche).

Fig. 13. — Le même, présentant le moule de la cavité intérieure de la valve ventrale. On y distingue les larges impressions musculaires et les granulations de sa surface.

Fig. 14. — **Athyris undata.** Defrance, sp. — Jeune individu dont la valve ventrale présente le sinus médian, correspondant au bourrelet saillant de la valve dorsale.
Dévonien inférieur. Néhou (Manche).

Dessiné d'ap nat et lith par N H.Jacob.

Imp. Lemercier et Cie Paris.

PLANCHE XIII.

PLANCHE XIII.

EXPLICATION DES FIGURES.

Fig. 1. — **Uncinulus imperator.** Bayle. — Individu de grandeur naturelle, posé sur la valve ventrale dont on aperçoit le crochet terminé par un trou très-petit.
Dévonien inférieur. Néhou (Manche).

Fig. 2. — Le même, vu par la face externe de la valve ventrale.

Fig. 3. — Le même, représenté de côté pour montrer la convexité des deux valves.

Fig. 4. — Le même, posé sur le crochet et présentant le sinus du bord frontal.

Fig. 5. — **Trigeria Adrieni.** De Verneuil, sp. — Individu de grandeur naturelle, montrant la valve dorsale, le crochet, le trou, l'aréa et le deltidium de la valve ventrale.
Dévonien inférieur. Ferroñes (Asturies, Espagne).

Fig. 6. — Le même, vu par l'extérieur de la valve ventrale.

Fig. 7. — Le même, vu de côté.

Fig. 8. — Le même, montrant le bord frontal dépourvu de sinus.

Fig. 9. — **Trigeria Guerangeri.** De Verneuil, sp. — Individu de grandeur naturelle, posé sur la valve ventrale. On en distingue le crochet, l'ouverture, l'aréa et le deltidium.
Dévonien inférieur. Viré (Sarthe).

Fig. 10. — Le même, montrant la face externe de la valve ventrale.

Fig. 11. — Le même, vu de côté.

Fig. 12. — Le même, montrant le bord frontal dépourvu de sinus.

Fig. 13. — **Uncinulina fallaciosa.** Bayle. — Individu de grandeur naturelle dont on voit la valve dorsale et le crochet de la valve ventrale.
Dévonien inférieur. Néhou (Manche).

Fig. 14. — Le même, présentant l'extérieur de la valve ventrale.

Fig. 15. — Le même, vu de côté pour montrer la convexité de la valve dorsale.

Fig. 16. — Le même, présentant son bord frontal pourvu d'un sinus.

Imp. Lemercier et C.ie Paris.

PLANCHE XIV.

PLANCHE XIV.

EXPLICATION DES FIGURES.

F₁ɢ. 1. — **Spirifer disjunctus.** Sowerby. — Individu de grandeur naturelle, dans un état de conservation remarquable, montrant l'aréa de la valve ventrale.

  Dévonien. Ferques (Pas-de-Calais).

Fɪɢ. 2. — Le même, vu par la surface extérieure de la valve ventrale.

Fɪɢ. 3. — Le même, posé sur le bord frontal pour faire voir toute l'étendue de l'aréa.

Fɪɢ. 4. — **Spirifer disjunctus.** Sowerby. — Individu de grandeur naturelle, d'une forme moins allongée que le précédent. Entre ces deux types extrêmes on rencontre toutes les formes intermédiaires.

  Dévonien. Ferques (Pas-de-Calais).

Fɪɢ. 5. — **Spirifer disjunctus.** Sowerby. — Individu de grandeur naturelle, à plis plus fins que les deux précédents.

  Dévonien. Ferques (Pas-de-Calais).

Fɪɢ. 6. — **Spirifer Rousseaui.** M. Rouault. — Individu de grandeur naturelle, de forme arrondie, montrant la valve dorsale, le crochet, l'aréa et l'ouverture triangulaire de la valve ventrale.

  Dévonien inférieur. — Néhou (Manche).

Fɪɢ. 7. — **Spirifer Rousseaui.** M. Rouault. — Individu de grandeur naturelle, de forme allongée, montrant l'aréa de la valve ventrale.

  Dévonien inférieur. Néhou (Manche).

Fɪɢ. 8. — Le même, vu par la surface extrême de la valve ventrale.

Fɪɢ. 9. — **Spirifer Venus.** D'Orbigny. — Individu de grandeur naturelle, montrant la valve dorsale, l'aréa et l'ouverture triangulaire de la valve ventrale.

  Dévonien inférieur. Néhou (Manche).

Fɪɢ. 10. — Le même, vu par l'extérieur de la valve ventrale.

Fɪɢ. 11. — **Spirifer Bouchardi.** Murchison. — Individu de grandeur naturelle, posé sur la valve ventrale, dont on aperçoit l'étroite aréa et l'ouverture triangulaire.

  Dévonien. Ferques (Pas-de-Calais).

Fɪɢ. 12. — Le même, présentant la face externe de la valve ventrale.

PLANCHE XV.

PLANCHE XV.

EXPLICATION DES FIGURES.

FIG. 1. — **Spirifer Davousti.** DE VERNEUIL. — Individu de grandeur naturelle, posé sur la valve ventrale. Le test, sur l'une et l'autre valve, est couvert de côtes très-fines.

Dévonien inférieur. Brulon (Sarthe).

FIG. 2. — Le même, vu par la surface extérieure de la valve ventrale. On remarque la largeur du sinus situé au milieu de cette valve.

FIG. 3. — **Martinia lineata.** MARTIN, sp. — Jeune individu montrant distinctement les stries concentriques dont le test est orné.

Calcaire carbonifère. Visé (Belgique).

FIG. 4. — **Martinia glabra.** MARTIN, sp. — Individu de grande taille, montrant la valve dorsale, l'aréa et l'ouverture triangulaire de la valve ventrale.

Calcaire carbonifère. Visé (Belgique).

FIG. 5. — Le même, vu par la face externe de la valve ventrale.

FIG. 6. — **Conchidium inornatum.** BAYLE. — Individu de la plus grande taille connue, montrant au crochet de l'une et l'autre valve la trace des cloisons intérieures.

Dévonien inférieur. Viré (Sarthe).

FIG. 7. — **Conchidium Chaperi.** BAYLE. — Individu de taille moyenne posé sur la valve ventrale.

Dévonien inférieur. Viré (Sarthe).

FIG. 8. — Le même, montrant l'extérieur de la valve ventrale.

FIG. 9. — **Conchidium Chaperi.** BAYLE. — Autre individu, dont les côtes sont plus grosses et plus régulières que chez le précédent.

Dévonien inférieur. Viré (Sarthe).

FIG. 10. — **Conchidium Chaperi.** BAYLE. — Autre individu à côtes plus nombreuses et plus fines que chez les deux précédents.

Dévonien inférieur. Viré (Sarthe).

FIG. 11. — **Productus subaculeatus.** MURCHISON. — Individu de taille moyenne, montrant la valve dorsale qui est très-concave.

Dévonien. Ferques (Pas-de-Calais).

FIG. 12. — Le même, vu par la face extérieure de la valve ventrale, sur la surface de laquelle on distingue la base des épines dont elle est pourvue.

Dessiné d'ap.nat. et lith. par N.H. Jacob   Imp. Lemercier et C.ie Paris

PLANCHE XVI.

PLANCHE XVI.

EXPLICATION DES FIGURES.

Fig. 1. — **Spiriferina Walcotti.** Sowerby, sp. — Individu de la plus grande taille connue, remarquable par le sinus que présente en son milieu le bourrelet médian de la valve dorsale.

Lias inférieur. Avallon (Yonne).

Fig. 2. — **Spiriferina Walcotti.** Sowerby, sp. — Autre exemplaire de grande taille, dont le bourrelet n'offre pas le sinus caractéristique de l'individu précédent.

Lias inférieur. Avallon (Yonne).

Fig. 3. — **Spiriferina pinguis.** Zieten, sp. — Valve ventrale d'un individu, montrant le septum médian caractéristique des *Spiriferina.*

Lias moyen. Croisilles (Calvados).

Fig. 4. — **Spiriferina Walcotti.** Sowerby, sp. — Jeune individu vu par la face externe de la valve ventrale.

Lias inférieur. Avallon (Yonne).

Fig. 5. — Le même, posé sur la valve ventrale pour montrer l'ouverture triangulaire située au milieu de l'aréa de cette valve et la valve dorsale.

Fig. 6. — **Spiriferina Walcotti.** Sowerby, sp. — Individu remarquable par l'allongement de la ligne cardinale et le grand développement que présente le crochet de la valve ventrale.

Lias inférieur. Beuzeville-la-Bastille (Manche).

Fig. 7. — **Spiriferina villosa.** Quenstedt, sp. — Individu de grande taille, de forme arrondie.

Lias moyen. Mulhausen (Bas-Rhin).

Fig. 8. — **Spiriferina villosa.** Quenstedt, sp. — Autre individu de forme allongée. Les ponctuations de la valve dorsale sont très-visibles.

Lias moyen. Mulhausen (Bas-Rhin).

Fig. 9. — **Spiriferina villosa.** Quenstedt, sp. — Autre individu de forme quadrangulaire, dont la valve dorsale montre les ponctuations dont elle est ornée.

Lias moyen. Mulhausen (Bas-Rhin).

Fig. 10. — **Spiriferina villosa.** Quenstedt, sp. — Autre individu de grande taille, remarquable par l'élargissement de la ligne cardinale.

Lias moyen. Mulhausen (Bas-Rhin).

Fig. 11. — **Spiriferina pinguis.** Zieten, sp. — Individu montrant la face externe de la valve ventrale couverte de ponctuations.

Lias moyen. Croisilles (Calvados).

Fig. 12. — Le même, posé sur la valve ventrale pour faire voir l'autre valve, l'ouverture triangulaire occupant le milieu de l'aréa.

Fig. 13. — **Spiriferina pinguis.** Zieten, sp. — Autre individu dont les deux pièces du deltidium sont restées en place. Les côtes qui ornementent les valves sont plus effacées que chez l'individu représenté par les figures 11 et 12.

Lias moyen. Croisilles (Calvados).

Dessiné d'ap. nat. et lith. par N.H.Jacob.

Imp. Lemercier et C.ie Paris.

PLANCHE XVII.

PLANCHE XVII.

EXPLICATION DES FIGURES.

Fɪɢ. 1. — **Hysterolithus resupinatus.** Mᴀʀᴛɪɴ, sp. — Individu de moyenne taille, posé sur la valve ventrale, dont on aperçoit l'aréa et l'ouverture triangulaire située en son milieu.
Calcaire carbonifère. Irlande.

Fɪɢ. 2. — Le même, vu de côté pour montrer l'inégalité des deux valves, dont la dorsale est la plus convexe.

Fɪɢ. 3. — Le même, vu par la face externe de la valve ventrale. On distingue le crochet et une partie de l'aréa de l'autre valve.

Fɪɢ. 4. — **Hysterolithus striatulus.** V. Sᴄʜʟᴏᴛʜᴇɪᴍ, sp. — Individu de grandeur naturelle, vu par l'extérieur de la valve dorsale.
Dévonien. Eifel.

Fɪɢ. 5. — Le même, posé sur le bord frontal pour montrer la différence de convexité des deux valves et l'aréa de la valve ventrale.

Fɪɢ. 6. — Le même, posé sur la valve dorsale. On distingue l'aréa de l'une et l'autre valve.

Fɪɢ. 7. — **Hysterolithus Trigeri.** Vᴇʀɴᴇᴜɪʟ, sp. — Individu de grande taille, vu par l'extérieur de la valve dorsale.
Dévonien inférieur. Viré (Sarthe).

Fɪɢ. 8. — **Hysterolithus Trigeri.** Vᴇʀɴᴇᴜɪʟ, sp. — Individu de la plus grande taille connue, vu de côté. Les deux valves présentent sensiblement la même convexité dans cette espèce.
Dévonien inférieur. Viré (Sarthe).

Fɪɢ. 9. — Le même, posé sur la valve ventrale dont on voit l'aréa.

Fɪɢ. 10. — **Orthis Hamoni.** Mᴀʀɪᴇ Rᴏᴜᴀᴜʟᴛ. — Intérieur de la valve dorsale d'un individu de taille moyenne. On y distingue le processus cardinal, les deux dents cardinales et les impressions musculaires.
Dévonien inférieur. Néhou (Manche).

Fɪɢ. 11. — **Orthis Hamoni.** Mᴀʀɪᴇ Rᴏᴜᴀᴜʟᴛ. — Autre individu, montrant l'extérieur de la valve dorsale.
Dévonien inférieur. Viré (Sarthe).

Fɪɢ. 12. — **Orthis Michelini.** Lᴇᴠᴇɪʟʟᴇ, sp. — Individu de grande taille, posé sur la valve dorsale. On distingue le processus cardinal de cette valve, engagé dans l'ouverture triangulaire de l'aréa de la valve ventrale.
Argile carbonifère. Tournay (Belgique).

1
2
3
9
8
7
6
5
4
12
10
11

PLANCHE XVIII.

PLANCHE XVIII.

EXPLICATION DES FIGURES.

Fig. 1. — **Orthis Douvillei.** Bayle. — Individu de la plus grande taille connue, posé sur la valve ventrale, dont on voit le crochet, l'aréa et l'ouverture triangulaire située en son milieu.
Dévonien inférieur. Néhou (Manche).

Fig. 2. — **Orthis Douvillei.** Bayle. — Autre individu de plus petite taille que le précédent.
Dévonien inférieur. Néhou (Manche).

Fig. 3. — Le même, montrant la face externe de la valve ventrale.

Fig. 4. — **Orthis fascicularis.** D'Orbigny. — Jeune individu présentant une anomalie de développement.
Dévonien inférieur. Ferronès (Asturies).

Fig. 5. — **Orthotetes elegans.** Bouchard, sp. — Individu de grandeur naturelle, montrant la large aréa de la valve ventrale.
Dévonien. Ferques (Pas-de-Calais).

Fig. 6. — Le même, vu par la surface extérieure de la valve ventrale.

Fig. 7. — **Orthis Chaperi.** Bayle. — Individu de grandeur naturelle, posé sur la valve ventrale. Le crochet de cette valve est assez proéminent et recourbé. On distingue l'aréa et l'ouverture triangulaire située en son milieu.
Dévonien inférieur. Viré (Sarthe).

Fig. 8. — Le même, montrant l'extérieur de la valve ventrale.

Fig. 9. — **Leptæna grandis.** Bouchard. — Individu de la plus grande taille connue, posé sur la valve ventrale dont on distingue l'aréa.
Dévonien. Ferques (Pas-de-Calais).

Fig. 10. — Le même, vu par la face extérieure de la valve ventrale. On remarque l'irrégularité des côtes dont elle est ornée.

Fig. 11. — **Leptæna grandis.** Bouchard. — Intérieur de la valve dorsale d'un autre individu. On y distingue le processus cardinal formé de deux saillies divergentes, les crénelures de la ligne cardinale et les impressions musculaires.
Dévonien. Ferques (Pas-de-Calais).

Fig. 12. — **Leptæna Cotentina.** Bayle. — Individu de grande taille, montrant l'extérieur de la valve ventrale couverte de côtes ponctuées.
Dévonien inférieur. Néhou (Manche).

Fig. 13. — **Leptæna Dutertrei.** Murchison. — Individu de grandeur naturelle, posé sur la valve ventrale et montrant l'aréa de l'une et l'autre valve.
Dévonien. Ferques (Pas-de-Calais).

Fig. 14. — Le même, vu par la surface extérieure de la valve ventrale.

Dessiné d'ap. nat. et lith. par N. H. Jacob.

Imp. Lemercier et Cie Paris.

PLANCHE XIX.

PLANCHE XIX.

EXPLICATION DES FIGURES.

Fig. 1. — **Strophomene Trigeri.** Bayle. — Valve ventrale d'un individu en partie engagée dans la gangue, remarquable par l'irrégularité des plis concentriques dont elle est ornée.
Dévonien inférieur. Viré (Sarthe).

Fig. 2. — **Strophomene quadrangularis.** Steininger, sp. — Valve ventrale d'un individu engagée dans la gangue.
Dévonien moyen. Eifel.

Fig. 3. — **Strophomene analoga.** Phillips, sp. — Valve ventrale d'un individu dont la valve dorsale est engagée dans la gangue.
Argile carbonifère. Tournay (Belgique).

Fig. 4. — **Strophomene analoga.** Phillips, sp. — Individu bivalve, montrant la valve dorsale. On aperçoit l'aréa de la valve ventrale, le processus cardinal de la valve dorsale engagé dans l'ouverture triangulaire située au milieu de l'aréa de l'autre valve.
Argile carbonifère. Tournay (Belgique).

Fig. 5. — **Calceola sandalina.** Linné, sp. — Individu de taille moyenne, posé sur l'aréa de la valve ventrale pour montrer la grandeur du crochet de cette valve et la forme operculaire de la valve dorsale.
Dévonien (schistes à calcéoles). Eifel.

Fig. 6. — La même, posée sur la valve dorsale pour montrer la grande aréa triangulaire de la valve ventrale. On distingue sur l'aréa les lignes d'accroissement parallèles au bord cardinal.

Fig. 7. — Valve ventrale de la même, disposée pour faire voir la forme de son ouverture.

Fig. 8. — **Calceola sandalina.** Linné, sp. — Valve ventrale d'un individu de forme allongée, montrant sa cavité et le mamelon saillant du milieu du bord cardinal.
Dévonien (schistes à calcéoles). Eifel.

Fig. 9. — **Calceola sandalina.** Linné, sp. — Intérieur de la valve dorsale d'un individu de forme large, montrant son aréa, le processus cardinal et les fines crénelures du bord cardinal, qui, aux deux extrémités de ce bord, se transforment en quatre ou cinq côtes saillantes.
Dévonien (schistes à calcéoles). Eifel.

Fig. 10. — Valve ventrale de l'individu représenté par la figure 8, montrant sa grande aréa, avec le bourrelet situé en son milieu.

Fig. 11. — **Calceola Gervillei.** Bayle. — Valve ventrale d'un individu adulte, laissant voir une portion de son intérieur.
Dévonien inférieur. Néhou (Manche).

Fig. 12. — **Calceola Gervillei.** Bayle. — Intérieur de la valve dorsale d'un autre individu, montrant son aréa. On voit combien elle diffère de celle de la *Calceola sandelina*, représentée par la figure 8.
Dévonien inférieur. Néhou (Manche).

Fig. 13. — Valve ventrale de l'individu déjà dessiné (fig. 11), montrant son aréa au milieu de laquelle se trouve un léger sillon correspondant au bourrelet de l'aréa de la *Calceola sandalina* (fig. 10).

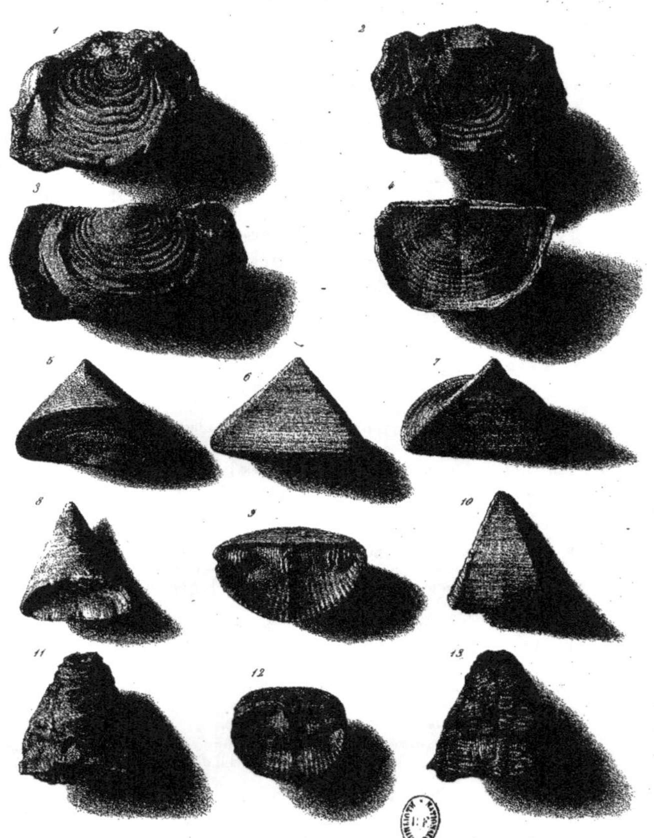

Dessiné d'ap. nature et lith. par N.H. Jacob.

Imp. Lemercier et C.ie Paris.

PLANCHE XX.

PLANCHE XX.

EXPLICATION DES FIGURES.

Fig. 1. — **Productus giganteus.** Martin, sp. — Individu de taille moyenne, montrant la surface externe de la valve ventrale. Le test, bien conservé, est couvert de côtes fines irrégulières et présente quelques nodosités que l'on observe fréquemment dans cette espèce.

Calcaire carbonifère. Rivière Msta, gouvernement de Novgorod (Russie).

Fig. 2. — **Productus giganteus.** Martin, sp. — Individu de petite taille, vu par la valve ventrale. Il a déjà été figuré par M. de Koninck (*Description des animaux fossiles de Belgique*, pl. XI, f. 1, 1842-1844), et fait partie de la collection de fossiles carbonifères donnée, en 1846, à l'École des Mines par ce paléontologiste.

Calcaire carbonifère. Visé (Belgique).

Fig. 3. — **Productus giganteus.** Martin, sp. — Autre individu vu par la valve ventrale. Cette valve montre la base de plusieurs épines, qui sont brisées.

Calcaire carbonifère. Kalouga (Russie).

Fig. 4. — **Chonetes comoïdes.** Sowerby, sp. — Individu de taille moyenne, vu par la valve ventrale. La ligne cardinale montre les fines épines caractéristiques de cette espèce.

Calcaire carbonifère. Sablé (Sarthe).

Dess. d'ap. nat. et lith. par V. Huet.

Imp. Lemercier, r. de Seine 57 Paris

PLANCHE XXI.

PLANCHE XXI.

EXPLICATION DES FIGURES.

Fig. 1. — **Productus semireticulatus.** Martin, sp. — Individu de taille moyenne, vu par la surface externe de la valve ventrale. On remarque les stries concentriques qui se croisent avec les stries longitudinales du côté du crochet.
Calcaire carbonifère. Visé (Belgique).

Fig. 2. — Le même, vu du côté de la valve dorsale. Le sommet du crochet de la valve ventrale est oblitéré. La plus grande partie du bord frontal de la valve dorsale est brisée.

Fig. 3. — **Productus semireticulatus.** Martin, sp. — Moule d'un jeune individu montrant la valve dorsale et l'extrémité du crochet de la valve ventrale.
Calcaire carbonifère. Visé (Belgique).

Fig. 4. — **Productus semireticulatus.** Martin, sp. — Jeune individu en partie engagé dans la gangue, vu par la face externe de la valve ventrale.
Calcaire carbonifère. Visé (Belgique).

Fig. 5. — **Productus sublævis.** De Koninck. — Valve ventrale, vue de côté pour montrer sa convexité. Elle est couverte de stries fines et régulières caractéristiques de l'espèce.
Calcaire carbonifère. Avesnes (Nord).

Fig. 6. — **Productus sublævis.** De Koninck. — Jeune individu, de forme large, montrant la valve ventrale. Vers le crochet on remarque quelques plis concentriques, qui disparaissent vers le milieu de la valve.
Calcaire carbonifère. Visé (Belgique).

Fig. 7. — **Productus pustulosus.** Phillips. — Moule d'un individu de taille moyenne. On voit sous le crochet de la valve ventrale une cavité correspondant au processus cardinal de la valve dorsale. La trace du septum médian et les impressions musculaires de cette dernière valve sont très-distinctes.
Calcaire carbonifère. Visé (Belgique).

Fig. 8. — **Productus pustulosus.** Phillips. — Moule d'un jeune individu de forme large, dont la valve dorsale a conservé quelques fragments de son test. On remarque sur la surface de cette valve des ponctuations irrégulières correspondant aux granulations de sa surface interne.
Argile carbonifère. Tournay (Belgique).

Fig. 9. — **Productus pustulosus.** Phillips. — Individu vu par la surface extérieure de la valve ventrale, couverte de tubercules en séries concentriques et très-régulièrement disposées.
Calcaire carbonifère. Visé (Belgique).

6

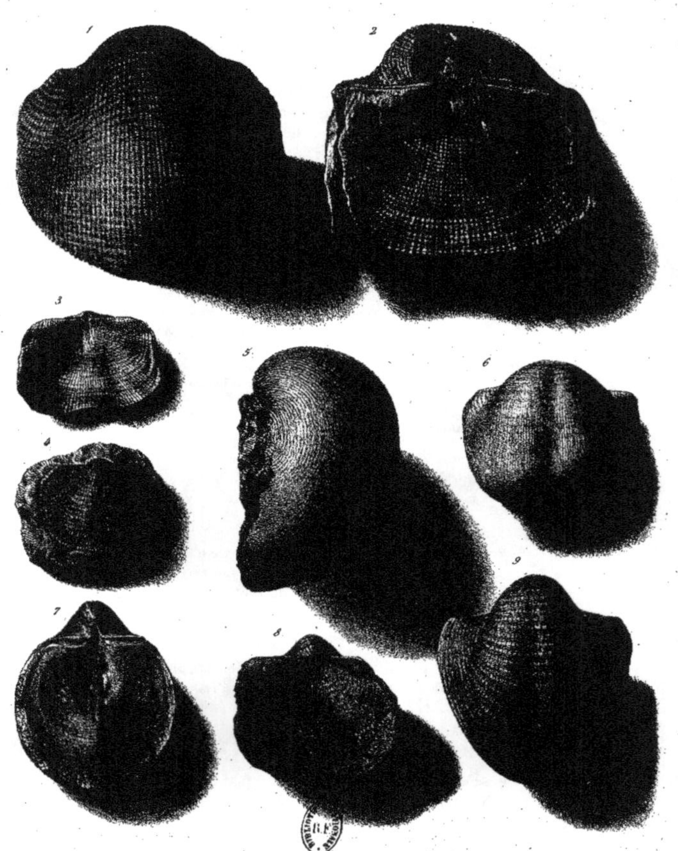

PLANCHE XXII.

PLANCHE XXII.

EXPLICATION DES FIGURES.

Fig. 1. — **Productus Geinitzi.** De Koninck. — Individu adulte de grandeur naturelle, posé sur la valve ventrale dont on voit le crochet. La ligne cardinale montre une aréa étroite, mais très-distincte.
Permien. Trebnitz, près de Géra (Saxe).

Fig. 2. — Le même, présentant la surface extérieure de la valve ventrale, couverte de tubercules régulièrement disposés. Le test, enlevé dans une portion de la valve laisse voir les fines ponctuations de la surface du moule intérieur qui correspondent à des granulations dans la coquille.

Fig. 3. — **Productus horridus.** J. DE C. SOWERBY. — Individu de grande taille, montrant la surface extérieure de la valve ventrale, sur laquelle on remarque la base de plusieurs épines brisées qui sont irrégulièrement distribuées sur le test.
Permien. Trebnitz, près de Géra (Saxe).

Fig. 4. — **Productus horridus.** J. DE C. SOWERBY. — Autre individu posé sur la valve ventrale. La ligne cardinale montre la base des longues épines dont elle est hérissée.
Permien. Trebnitz, près de Géra (Saxe).

Fig. 5. — **Productus horridus.** J. DE C. SOWERBY. — Autre individu, également posé sur la valve ventrale. Une portion du test de la valve dorsale étant enlevée, on distingue les granulations dont est couverte la surface du moule intérieur.
Permien. Trebnitz, près de Géra (Saxe).

Fig. 6. — **Productus horridus.** J. DE C. SOWERBY. — Individu déjà représenté par la figure 4, montrant la face externe de la valve ventrale et la base des épines de la région cardinale.

Fig. 7. — **Strophalosia Goldfussi.** V. MÜNSTER, sp. — Individu adulte, placé sur la valve ventrale, ayant conservé toutes les épines dont la surface de ses deux valves est armée. On distingue la double aréa de la région cardinale ainsi que le deltidium.
Permien. Trebnitz, près de Géra (Saxe).

Fig. 8. — Le même, montrant la surface extérieure de la valve ventrale couverte d'épines.

Fig. 9. — **Productus Geinitzi.** De Koninck. — Individu de taille moyenne, vu par la face externe de la valve ventrale. Les épines, dont la base est seule conservée, sont bien plus nombreuses que dans le *P. horridus.*
Permien. Trebnitz, près de Géra (Saxe).

Fig. 10. — **Productus horridus.** J. DE C. SOWERBY. — Jeune individu de forme élargie, montrant la valve ventrale dont la surface porte de nombreuses épines.
Permien. Trebnitz, près de Géra (Saxe).

Fig. 11. — **Seminula elongata.** V. SCHLOTHEIM, sp. — Jeune individu posé sur la valve ventrale, dont on voit le crochet perforé.
Permien. Trebnitz, près de Géra (Saxe).

Fig. 12. — Le même, montrant l'extérieur de la valve ventrale.

Fig. 13. — **Spirifer alatus.** V. SCHLOTHEIM. — Individu adulte de grandeur naturelle, vu par la surface externe de la valve ventrale. On distingue le bourrelet qui occupe le milieu du sinus médian et les lamelles d'accroissement régulièrement ondulées.
Permien. Trebnitz, près de Géra (Saxe).

Fig. 14. — **Camarophoria Schlotheimi.** V. BUCH, sp. — Individu de taille moyenne, placé sur le bord frontal et montrant le crochet de la valve ventrale.
Permien. Trebnitz, près de Géra (Saxe).

Fig. 15. — Le même, vu de côté pour faire voir l'inégalité des deux valves.

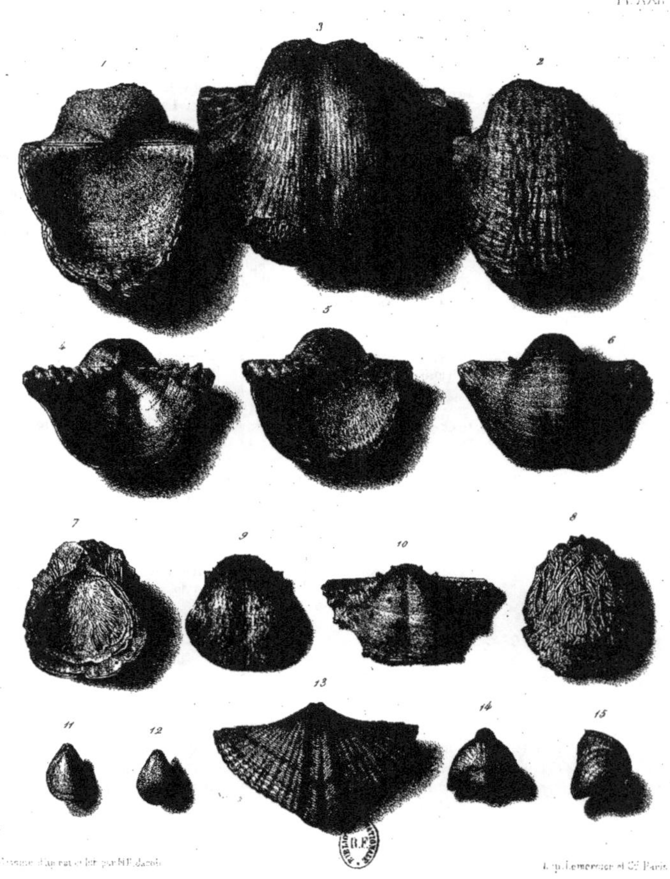

1
3
2
5
4
6
7
9
10
8
13
11
12
14
15

PLANCHE XXIII.

PLANCHE XXIII.

EXPLICATION DES FIGURES.

Fɪɢ. 1. — **Belemnites paxillosus.** Lᴀᴍᴀʀᴄᴋ. — Rostre d'un individu de grande taille, vᴜ du côté ventral. On remarque le sillon étroit et profond de l'extrémité supérieure et la pointe aiguë qui termine le rostre.

Craie blanche. Meudon (Seine-et-Oise).

Fɪɢ. 2. — **Belemnites paxillosus.** Lᴀᴍᴀʀᴄᴋ. — Rostre d'un individu de la plus grande taille connue, vu du côté gauche. On a enlevé une portion du rostre pour montrer la cavité conique laissée par le cône chambré. Les cloisons et le siphon du cône chambré ont été détruits par la fossilisation, mais on aperçoit la trace laissée par les cloisons sur la surface interne de la cavité qui le contenait. On distingue également la surface du canal ventral, qui atteint presque la pointe du cône chambré.

Craie blanche. Meudon (Seine-et-Oise).

Fɪɢ. 3. — **Belemnites paxillosus.** Lᴀᴍᴀʀᴄᴋ. — Rostre d'un individu de taille moyenne, vu du côté droit, pour montrer les stries irrégulières qui sillonnent sa surface en ce point.

Craie blanche. Reims (Marne).

Fɪɢ. 4. — Le même, vu du côté ventral, présentant son canal ventral étroit et profond.

Fɪɢ. 5. — **Belemnites paxillosus.** Lᴀᴍᴀʀᴄᴋ. — Individu déjà représenté par la figure 1, placé pour faire voir la section circulaire de la cavité du cône chambré. On distingue en avant le sillon ventral.

Fɪɢ. 6. — **Gonioteuthis quadrata.** Dᴇғʀᴀɴᴄᴇ, sp. — Individu de la plus grande taille connue, disposé pour montrer la cavité du cône chambré qui présente la forme d'une pyramide à quatre faces, particularité caractéristique du genre Gonioteuthis.

Craie blanche. Reims (Marne).

Fɪɢ. 7. — Le même, vu du côté gauche. On remarque la forme obtuse de l'extrémité inférieure du rostre et la longueur de la pointe terminale.

Fɪɢ. 8. — Le même, vu du côté ventral, pour montrer la brièveté du sillon ventral.

Dessiné d'ap. nat. et lith. par N. II. Jacob.

Imp. Lemercier et Cie Paris.

PLANCHE XXIV.

PLANCHE XXIV.

EXPLICATION DES FIGURES.

F_{IG}. 1. — **Pachyteuthis excentralis.** Y_{OUNG} et B_{IRD}, sp. — Rostre d'un individu de la plus grande taille connue, vu de côté. La portion correspondant au cône chambré a été écrasée par la pression.

> *Oxfordclay.* Trouville (Calvados).

F_{IG}. 2. — Le même, vu du côté ventral.

F_{IG}. 3. — **Pachyteuthis excentralis.** Y_{OUNG} et B_{IRD}, sp. — Portion du rostre d'un individu montrant la cavité destinée à loger le cône chambré, sur les parois de laquelle on voit la trace laissée par les cloisons.

> *Oxfordclay.* Villers (Calvados).

F_{IG}. 4. — Le même individu, vu du côté gauche. Au fond de la cavité pour le cône chambré, on aperçoit la première loge sphérique.

Dessiné d'apr. nat. et lith. par N.H. Jacob   Imp. Lemercier et Cie Paris.

PLANCHE XXV.

PLANCHE XXV.

EXPLICATION DES FIGURES.

Fig. 1. — **Megateuthis gladius.** Blainville, sp. — Rostre d'un individu de taille moyenne, vu de côté.

Oolithe inférieure. Rabenstein.

Fig. 2. — **Megateuthis gigantea.** V. Schlotheim, sp. — Rostre d'un individu de grande taille, réduit de moitié. Cet individu présente les deux phases de son développement.

Oolithe inférieure. Dettingen (Wurtemberg).

Fig. 3. — **Megateuthis gigantea.** V. Schlotheim, sp. — Individu de grandeur naturelle, vu de côté. On a enlevé un fragment de la partie supérieure du rostre, pour montrer le cône chambré. Le cône chambré a conservé quelques portions de son test, et l'on distingue les cloisons. La pointe est détruite, mais on voit la première loge sphérique. Cet individu ne présente que la première phase de son développement.

Oolithe inférieure ferrugineuse. Saint-Vigor, près de Bayeux (Calvados).

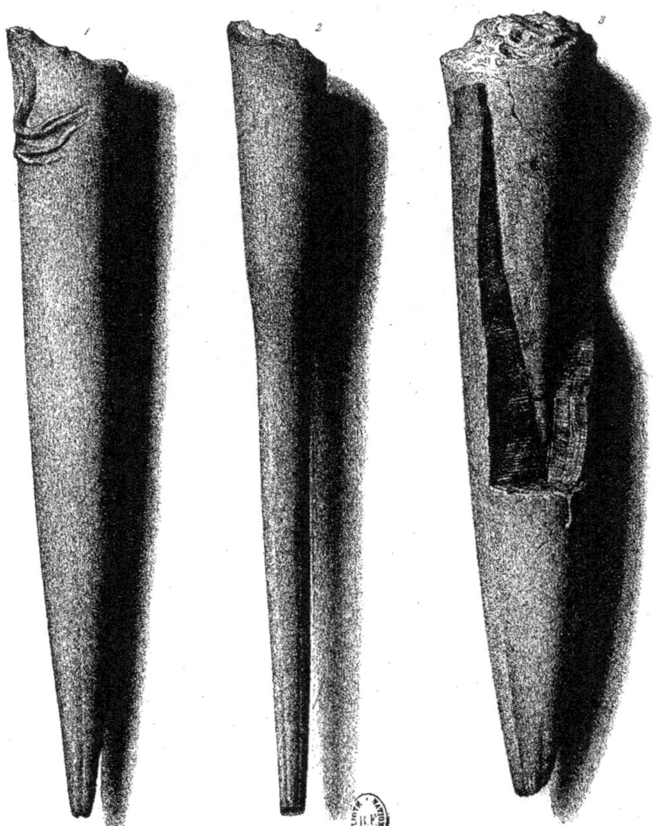

Dessiné d'après nature et lithog. par M.H. Jacob

Imp. Lemercier et Cie Paris

PLANCHE XXVI.

PLANCHE XXVI.

EXPLICATION DES FIGURES.

Fig. 1. — **Megateuthis Quenstedti.** Oppel, sp. — Coupe longitudinale du rostre d'un individu adulte. L'examen des lames d'accroissement fait voir combien la forme de cet individu a varié aux diverses phases de son développement. On remarque la section du cône chambré dont les cloisons sont très-rapprochées.
Lias supérieur. Saint-Julien-de-Cray (Saône-et-Loire).

Fig. 2. — **Megateuthis Quenstedti.** Oppel, sp. — Rostre d'un individu adulte, vu du côté dorsal, pour montrer les sillons apiciaux placés sur les côtés.
Lias supérieur. Mistelgau.

Fig. 3. — Le même, vu du côté ventral. On remarque que le sillon ventral est plus allongé que les sillons latéraux.

Fig. 4. — **Megateuthis Rhenana.** Oppel, sp. — Rostre d'un individu de taille moyenne, vu du côté dorsal, montrant les deux sillons apiciaux.
Lias supérieur. Gundershoffen (Bas-Rhin).

Fig. 5. — **Pachyteuthis acuta.** Miller, sp. — Individu de taille moyenne, vu de côté.
Lias inférieur. Semur (Côte-d'Or).

Fig. 6. — **Pachyteuthis brevis.** Blainville, sp. — Rostre d'un jeune individu, vu de côté.
Lias moyen. Croisilles (Calvados).

Fig. 7. — **Pachyteuthis brevis.** Blainville, sp. — Section longitudinale du rostre d'un individu adulte, vu du côté gauche. Le moule du cône chambré, qui n'a pas été scié, montre la trace des cloisons; on en a enlevé la pointe, et on distingue à l'extrémité de la cavité qui la contient la première loge sphérique embryonnaire.
Lias moyen. Croisilles (Calvados).

Fig. 8. — **Pachyteuthis brevis.** Blainville, sp. — Rostre d'un individu adulte.
Lias moyen. Croisilles (Calvados).

Fig. 9. — **Pachyteuthis brevis.** Blainville, sp. — Rostre d'un individu de grande taille. On remarque la pointe oblique qui termine l'osselet de cette espèce.
Lias moyen. Croisilles (Calvados).

PLANCHE XXVII.

PLANCHE XXVII.

EXPLICATION DES FIGURES.

FIG. 1. — **Megateuthis Bruguieri.** D'ORBIGNY, sp. — Rostre d'un individu de grande taille, vu de côté.
Lias moyen. Vieux-Pont (Calvados).

FIG. 2. — **Megateuthis longissima.** MILLER, sp. — Rostre d'un individu de taille moyenne, vu de côté, montrant l'un des deux sillons apiciaux.
Lias moyen. Venarey (Côte-d'Or).

FIG. 3. — **Megateuthis Bruguieri.** D'ORBIGNY, sp. — Rostre d'un individu de moyenne taille, vu du côté ventral, pour faire voir les sillons apiciaux.
Lias moyen. Vieux-Pont (Calvados).

FIG. 4. — **Megateuthis Bruguieri.** D'ORBIGNY, sp. — Section longitudinale du rostre d'un autre individu. Le cône chambré n'a pas été scié, il montre ses cloisons et la première loge sphérique de sa pointe.
Lias moyen. Croisilles (Calvados).

FIG. 5. — **Megateuthis Bruguieri.** D'ORBIGNY, sp. — Fragment de rostre montrant la structure fibreuse de sa section transversale.
Lias moyen. Croisilles (Calvados).

FIG. 6. — **Megateuthis Bruguieri.** D'ORBIGNY, sp. — Portion du rostre d'un autre individu, laissant voir la cavité du cône chambré dont le fond est rempli par une gangue argilo-calcaire.
Lias moyen. Croisilles (Calvados).

FIG. 7. — **Megateuthis umbilicata.** BLAINVILLE, sp. — Jeune individu, vu de côté.
Lias moyen. Saint-Thibaud (Côte-d'Or).

FIG. 8. — **Megateuthis umbilicata.** BLAINVILLE, sp. — Rostre d'un individu de taille moyenne, vu de côté.
Lias moyen. Vieux-Pont (Calvados).

FIG. 9. — **Megateuthis umbilicata.** BLAINVILLE, sp. — Rostre d'un individu de grande taille, vu du côté dorsal. Dans cette espèce il n'y a pas de sillons apiciaux.
Lias moyen. Agy, près de Bayeux (Calvados).

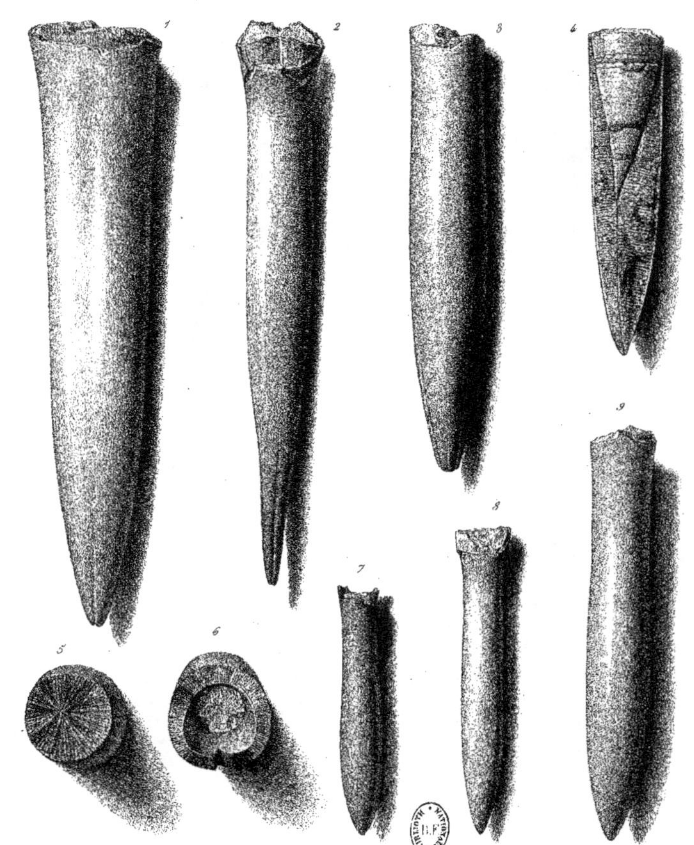

PLANCHE XXVIII.

PLANCHE XXVIII.

EXPLICATION DES FIGURES.

FIG. 1. — **Dactyloteuthis acuaria**. V. SCHLOTHEIM, sp. — Individu adulte, non écrasé par la pression.

Lias supérieur. Ohmden (Wurtemberg).

FIG. 2. — **Dactyloteuthis acuaria**. V. SCHLOTHEIM, sp. — Individu adulte. Dans cette espèce le rostre commence par avoir une forme cylindro-conique, puis brusquement il prend une forme très-allongée. Il se produit alors un vide dans l'axe du rostre, d'où résulte l'écrasement produit par la pression que présente cet individu.

Lias supérieur. Mistelgau.

FIG. 3. — **Dactyloteuthis acuaria**. V. SCHLOTHEIM, sp. — Fragment du rostre d'un autre individu, offrant le même genre de déformation que le précédent.

Lias supérieur. Neufchâteau (Vosges).

FIG. 4. — **Dactyloteuthis acuaria**. V. SCHLOTHEIM, sp. — Portion du rostre d'un individu privé de son extrémité. On voit la pointe de la partie cylindro-conique et la section de la dernière lame d'accroissement qui cessait de se modeler sur la précédente.

Lias supérieur. Fressac, près d'Anduze (Gard).

FIG. 5. — **Dactyloteuthis irregularis**. V. SCHLOTHEIM, sp. — Rostre d'un individu de la plus grande taille connue, vu de côté.

Lias supérieur. Neufchâteau (Vosges).

FIG. 6. — **Dactyloteuthis irregularis**. V. SCHLOTHEIM, sp. — Rostre d'un jeune individu, vu du côté ventral. On distingue à la pointe un léger sillon.

Lias supérieur. Banz.

FIG. 7. — **Dactyloteuthis irregularis**. V. SCHLOTHEIM, sp. — Section longitudinale d'un individu de taille moyenne. Le cône chambré est détruit et sa cavité remplie par une gangue argilo-calcaire. Les lignes d'accroissement montrent les changements de forme subis par cet individu pendant son développement.

Lias supérieur. Banz.

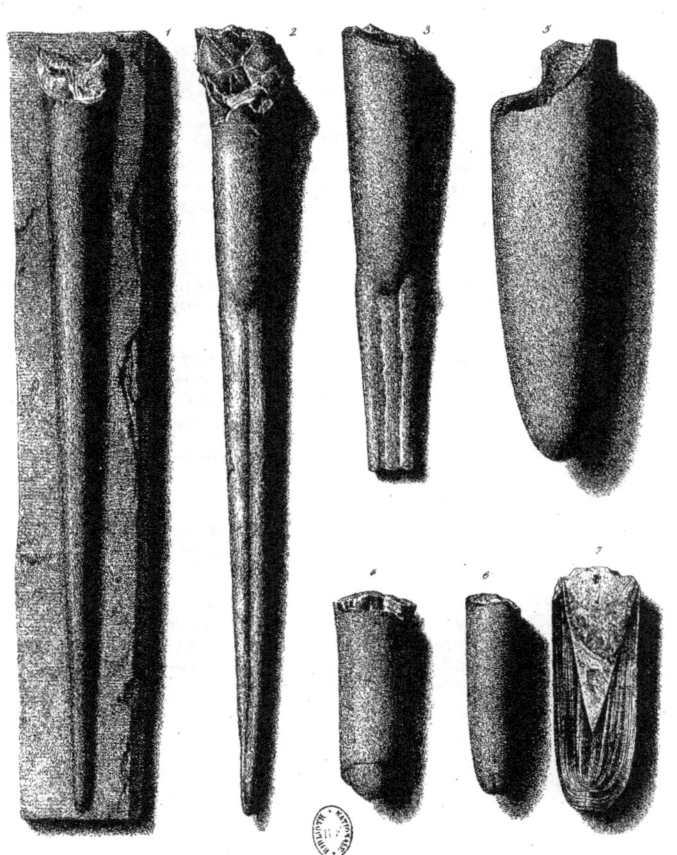

Dessiné d'ap. nat. et lith. par R.H. Jacob.

Imp. Lemercier et C.ie Paris.

PLANCHE XXIX.

PLANCHE XXIX.

EXPLICATION DES FIGURES.

Fɪɢ. 1. — **Cylindroteuthis Puzosi.** D'Orbigny, sp. — Individu de grande taille, vu par sa face
ventrale. La pointe du rostre montre le large sillon ventral caractéristique de ce genre
de Bélemnitidées.
Oxfordclay (argile de Dives). Dives (Calvados).

Fɪɢ. 2. — Le même, vu du côté dorsal. Dans cet exemplaire, le cône chambré est rempli par de
l'argile.

Fɪɢ. 3. — **Belemnopsis Altdorfensis.** Blainville, sp. — Individu adulte, vu du côté ventral,
montrant le large canal caractéristique des Belemnopsis.
Oxfordclay (argile de Dives). Dives (Calvados).

Fɪɢ. 4. — Le même, vu du côté dorsal.

Fɪɢ. 5. — **Hibolites Sauvaneaui.** D'Orbigny, sp. — Rostre d'un jeune individu, vu du côté ventral,
montrant son canal qui est profond dans cette espèce.
Oxfordclay. Rians (Var).

Fɪɢ. 6. — **Hibolites Sauvaneaui.** D'Orbigny, sp. — Portion du rostre d'un autre individu, vu du
côté droit, et laissant voir les deux fines stries longitudinales qui, avec le canal ventral, caractérisent les Hibolites.
Oxfordclay. Rians (Var).

Fɪɢ. 7. — **Hibolites Sauvaneaui.** D'Orbigny, sp. — Coupe d'une portion du rostre d'un autre individu faite dans la direction dorso-ventrale. On remarque la trace de la partie inférieure du canal ventral.
Oxfordclay. Rians (Var).

8

PLANCHE XXX.

PLANCHE XXX.

EXPLICATION DES FIGURES.

Fɪɢ. 1. — **Belemnopsis Bessina.** D'Orbigny, sp. — Rostre d'un individu adulte, vu du côté ventral et présentant son canal ventral qui s'élargit et disparaît vers la pointe.

Fullers-earth (argile de Port-en-Bessin). Port-en-Bessin (Calvados).

Fɪɢ. 2. — **Belemnopsis unicanaliculata.** Hartmann, sp. — Rostre d'un individu de la plus grande taille connue, vu du côté ventral. Le canal, dans cette espèce, s'étend jusqu'à la pointe.

Oolithe inférieure ferrugineuse. Les Moutiers, près de Caen (Calvados).

Fɪɢ. 3. — **Belemnopsis sulcata.** Miller, sp. — Rostre d'un individu de la plus grande taille connue, de forme allongée, vu du côté ventral.

Oolithe inférieure ferrugineuse. Saint-Vigor, près de Bayeux (Calvados).

Fɪɢ. 4. — **Belemnopsis sulcata.** Miller, sp. — Rostre d'un autre individu de forme évasée, vu du côté ventral. On remarque que le canal, vers sa base, est plus large que dans l'exemplaire de forme allongée représenté par la figure 3.

Oolithe inférieure ferrugineuse. Saint-Vigor, près de Bayeux (Calvados).

Fɪɢ. 5. — **Belemnopsis unicanaliculata.** Hartmann, sp. — Rostre d'un individu de taille moyenne, vu du côté ventral.

Oolithe inférieure ferrugineuse. Les Moutiers, près de Caen (Calvados).

Fɪɢ. 6. — **Hibolites hastatus.** Blainville, sp. — Rostre d'un jeune individu, de forme large, vu du côté ventral.

Oxfordclay. Villers (Calvados).

Fɪɢ. 7. — **Hibolites hastatus.** Blainville, sp. — Rostre d'un individu de taille moyenne, vu de côté, pour montrer les deux stries caractéristiques des Hibolites.

Oxfordclay. Villers (Calvados).

Fɪɢ. 8. — Le même, vu du côté ventral.

Fɪɢ. 9. — **Hibolites latesulcatus.** D'Orbigny, sp. — Individu de taille moyenne, vu du côté ventral. Dans cette espèce le canal s'étend jusqu'à la pointe du rostre.

Oxfordclay. Environs de Besançon (Doubs).

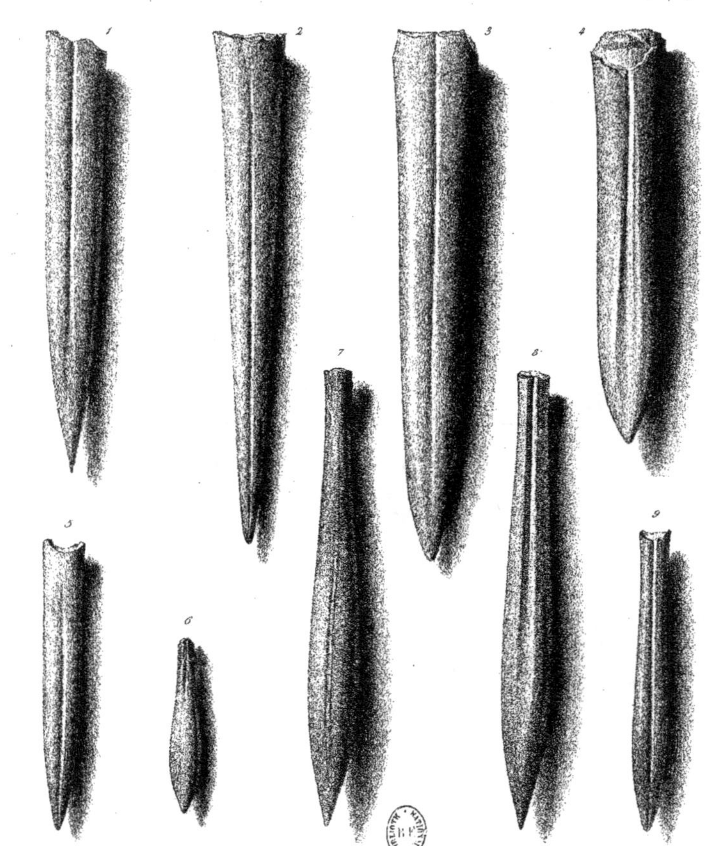

Dessiné d'ap. nat. et lith. par N.H. Jacob.

Imp. Lemercier et Cⁱᵉ Paris.

PLANCHE XXXI.

PLANCHE XXXI.

EXPLICATION DES FIGURES.

Fig. 1. — **Duvalia**...... — Extrémité inférieure d'un rostre monstrueux, ayant probablement appartenu au *D. lata*, vu de côté.
Néocomien. Escragnolles (Var).

Fig. 2. — Le même, vu du côté dorsal.

Fig. 3. — **Duvalia lata.** Blainville, sp. — Rostre entier d'un individu de grande taille, vu de côté.
Néocomien. Chardavon (Basses-Alpes).

Fig. 4. — **Duvalia lata.** Blainville, sp. — Rostre d'un autre individu, vu du côté ventral, pour montrer le canal qui se rapproche plus de la pointe que celui du *D. dilatata*.
Néocomien. Chardavon (Basses-Alpes).

Fig. 5. — Le même, vu de côté.

Fig. 6. — **Duvalia lata.** Blainville, sp. — Rostre entier d'un jeune individu, vu de côté.
Néocomien. Chardavon (Basses-Alpes).

Fig. 7. — Le même, vu du côté ventral.

Fig. 8. — **Duvalia lata.** Blainville, sp. — Section transversale du rostre d'un autre individu, faite au milieu de la cavité du cône chambré qui est rempli de gangue.
Néocomien. Chardavon (Basses-Alpes).

Fig. 9. — **Hibolites Orbignyi.** Duval, sp. — Partie supérieure du rostre d'un individu, montrant la cavité du cône chambré, rempli de gangue.
Néocomien. Saint-André (Basses-Alpes).

Fig. 10. — Le même, vu du côté ventral, dont on aperçoit le canal.

Fig. 11. — **Hibolites Orbignyi.** Duval, sp. — Partie supérieure du rostre d'un autre individu.
Néocomien. Saint-André (Basses-Alpes).

Fig. 12. — Le même, vu du côté droit. La surface de ce rostre est couverte de perforations accidentelles que l'on observe souvent chez diverses espèces de Bélemnitidées du terrain néocomien de la Provence.

Fig. 13. — **Duvalia urnula.** Duval, sp. — Section transverse du rostre d'un individu de taille moyenne.
Néocomien. Chardavon (Basses-Alpes).

Fig. 14. — Le même, vu du côté gauche.

Fig. 15. — **Duvalia trabiformis.** Duval, sp. — Rostre d'un jeune individu, vu de côté.
Néocomien. Chardavon (Basses-Alpes).

Fig. 16. — Le même, vu du côté ventral.

Fig. 17. — **Duvalia trabiformis.** Duval, sp. — Rostre d'un autre individu de taille moyenne, vu du côté ventral.
Néocomien. Chardavon (Basses-Alpes).

Fig. 18. — Le même, vu de côté.

Fig. 19. — **Duvalia trabiformis.** Duval, sp. — Rostre d'un autre individu, vu de côté.
Néocomien. Chardavon (Basses-Alpes).

Fig. 20. — **Duvalia trabiformis.** Duval, sp. — Un autre rostre, vu de côté.
Néocomien. Chardavon (Basses-Alpes).

Fig. 21. — **Duvalia trabiformis.** Duval, sp. — Rostre d'un jeune individu, vu du côté ventral.
Néocomien. Chardavon (Basses-Alpes).

Fig. 22. — Le même, vu de côté.

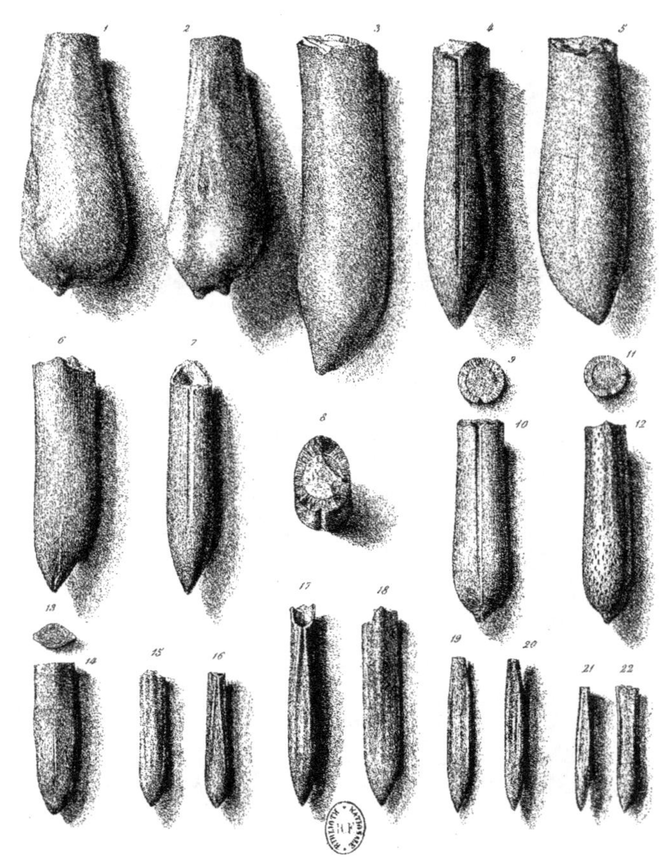

Dess. d'ap. nat. et lith. par N.º Jacob.

Imp. Lemercier et C.ⁱᵉ r. de Seine 57 Paris.

PLANCHE XXXII.

PLANCHE XXXII.

EXPLICATION DES FIGURES.

Fig. 1. — **Duvalia dilatata.** Blainville, sp. — Rostre entier, de grande taille, vu de côté.
Néocomien. Castellane (Basses-Alpes).

Fig. 2. — Le même, vu du côté ventral pour montrer le canal et sa forme plate.

Fig. 3. — **Duvalia dilatata.** Blainville, sp. — Rostre d'un individu plus large que le précédent, vu de côté. Cet individu a été décrit et figuré par d'Orbigny (*Pal. franç. terr. crét.* vol. I, pl. II, fig. 20, 1840).
Néocomien. Castellane (Basses-Alpes).

Fig. 4. — Le même, vu du côté ventral; on aperçoit le canal.

Fig. 5. — **Duvalia dilatata.** Blainville, sp. — Section du rostre d'un autre individu, de forme elliptique.
Néocomien. Castellane (Basses-Alpes).

Fig. 6. — **Duvalia dilatata.** Blainville, sp. — Section transversale du rostre d'un autre individu plus large du côté dorsal que du côté ventral.
Néocomien. Castellane (Basses-Alpes).

Fig. 7. — **Duvalia dilatata.** Blainville, sp. — Rostre d'un jeune individu, vu de côté, montrant les deux stries longitudinales qui disparaissent dans l'adulte.
Néocomien. Les Lattes (Basses-Alpes).

Fig. 8. — **Duvalia hybrida.** Duval, sp. — Rostre d'un jeune individu, de forme élargie vers la base, vu de côté.
Néocomien. Les Lattes (Basses-Alpes).

Fig. 9. — **Duvalia hybrida.** Duval, sp. — Rostre d'un autre individu, vu de côté.
Néocomien. Les Lattes (Basses-Alpes).

Fig. 10. — **Duvalia hybrida.** Duval, sp. — Rostre d'un autre individu de forme plus élargie, vu de côté.
Néocomien. Les Lattes (Basses-Alpes).

Fig. 11. — **Duvalia hybrida.** Duval, sp. — Rostre d'un autre individu, vu de côté.
Néocomien. Les Lattes (Basses-Alpes).

Fig. 12. — Le même, vu du côté ventral.

Fig. 13. — **Duvalia hybrida.** Duval, sp. — Rostre d'un individu de forme très-allongée, vu de côté.
Néocomien. Les Lattes (Basses-Alpes).

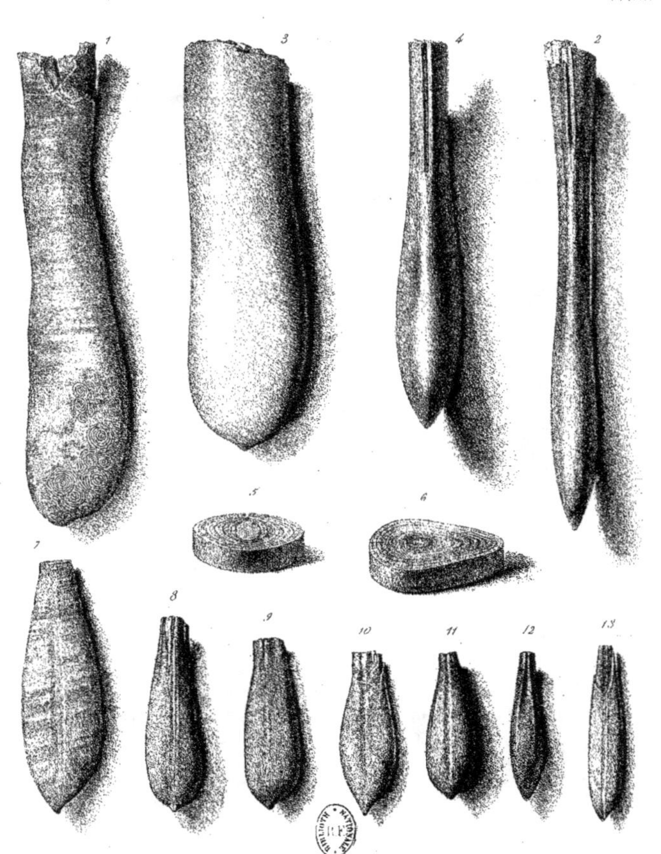

1
3
4
2
5
6
7
8
9
10
11
12
13

PLANCHE XXXIII.

PLANCHE XXXIII.

EXPLICATION DES FIGURES.

Fig. 1. — **Duvalia**....... Rostre d'une forme monstrueuse, provenant très-probablement du *D. Emerici*.
Néocomien. Les Lattes (Basses-Alpes).

Fig. 2. — **Duvalia Emerici.** Raspail, sp. — Extrémité inférieure du rostre d'un individu de très-grande taille, vu de côté.
Néocomien. Lieoux (Basses-Alpes).

Fig. 3. — Le même, posé sur la pointe pour montrer la forme de la section.

Fig. 4. — **Duvalia Emerici.** Raspail, sp. — Extrémité inférieure du rostre d'un autre individu, vu de côté.
Néocomien. Les Lattes (Basses-Alpes).

Fig. 5. — **Duvalia Emerici.** Raspail, sp. — Rostre entier d'un individu de moyenne taille, vu de côté.
Néocomien. Les Lattes (Basses-Alpes).

Fig. 6. — Le même, vu du côté ventral, montrant le canal.

Fig. 7. — **Duvalia Emerici.** Raspail, sp. — Partie inférieure du rostre d'un jeune individu, vu de côté.
Néocomien. Les Lattes (Basses-Alpes).

Fig. 8. — Le même, vu du côté ventral, pour montrer sa forme aplatie. On distingue l'extrémité inférieure du canal.

Fig. 9. — **Duvalia Emerici.** Raspail, sp. — Rostre d'un jeune individu d'une forme p'us normale que le précédent, vu de côté.
Néocomien. Lieoux (Basses-Alpes).

Fig. 10. — **Duvalia Emerici.** Raspail, sp. — Portion inférieure du rostre d'un autre jeune individu, vu de côté.
Néocomien. Les Lattes (Basses-Alpes).

Fig. 11. — Le même, vu du côté ventral, montrant la partie inférieure du canal.

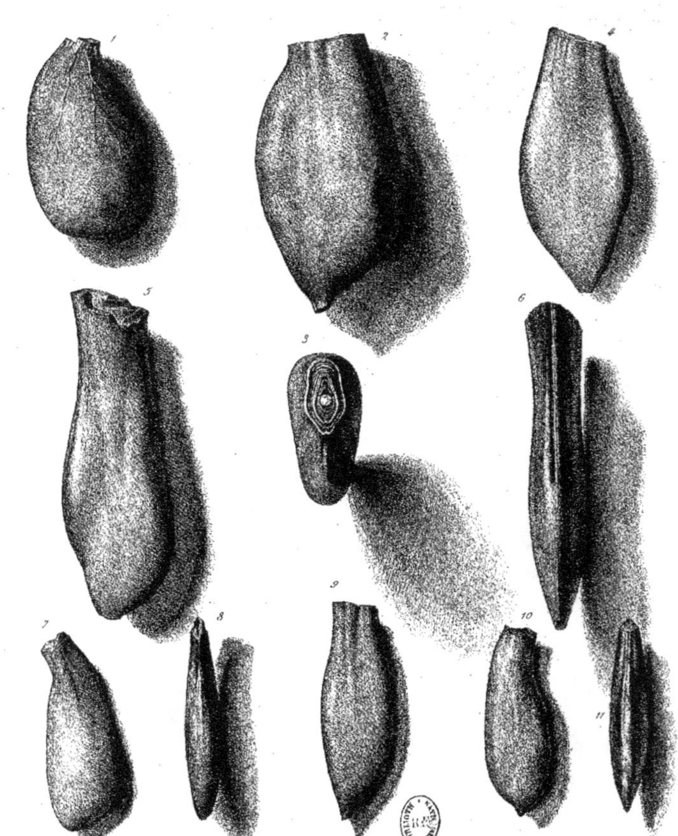

Dessiné d'après nature lith. par N. Remond
Imp. Lemercier et Cie Paris

PLANCHE XXXIV.

PLANCHE XXXIV.

EXPLICATION DES FIGURES.

Fig. 1. — **Orthoceras.** — Fragment d'un individu privé de son test et montrant le peu d'espacement des cloisons.
Silurien supérieur. Saint-Sauveur-le-Vicomte (Manche).

Fig. 2. — Cloison du même individu, montrant la position excentrique du siphon.

Fig. 3. — **Orthoceras.** — Fragment d'un individu privé de sa pointe et de sa dernière loge, scié longitudinalement pour faire voir les cloisons et son large siphon cylindroïde.
Silurien supérieur. Saint-Sauveur-le-Vicomte (Manche).

Fig. 4. — Cloison du même individu, montrant la position presque centrale du siphon.

Fig. 5. — **Orthoceras.** — Fragment d'un individu dépourvu de son test, à cloisons assez largement espacées.
Silurien supérieur. Saint-Sauveur-le-Vicomte (Manche).

Fig. 6. — Cloison du même individu, montrant la position centrale du siphon.

Fig. 7. — **Orthoceras.** — Portion d'un individu sans test, laissant voir le bord des cloisons assez rapprochées.
Silurien supérieur. Saint-Sauveur-le-Vicomte (Manche).

Fig. 8. — Cloison du même individu, à siphon médian.

Fig. 9. — **Orthoceras.** — Portion d'une espèce de forme allongée, à cloisons nombreuses. La partie supérieure a été sciée et polie et montre quelques traces d'un large siphon central.
Silurien supérieur. Saint-Sauveur-le-Vicomte (Manche).

Fig. 10. — **Orthoceras.** — Portion d'un jeune individu, scié et poli. On voit que les cloisons, largement espacées, sont traversées par un siphon cylindroïde, presque central.
Silurien supérieur. Saint-Sauveur-le-Vicomte (Manche).

Fig. 11. — **Orthoceras.** — Fragment d'un individu privé de son test.
Silurien supérieur. Saint-Sauveur-le-Vicomte (Manche).

PLANCHE XXXV.

PLANCHE XXXV.

EXPLICATION DES FIGURES.

FIG. 1. — **Jovellania Buchi**. DE VERNEUIL, sp. — Fragment d'un individu en partie engagé dans la gangue, ayant conservé une portion de son test. Dans la partie supérieure, où le test est enlevé, on distingue le bord de dix cloisons, qui sont très-rapprochées.

Dévonien inférieur. Néhou (Manche).

FIG. 2. — **Jovellania Buchi**. DE VERNEUIL, sp. — Portion d'un individu scié longitudinalement et poli. On voit la section médiane des cloisons, dont quelques-unes sont irrégulièrement distantes, et la coupe du siphon légèrement nummuloïde. Le siphon est muni de lames perpendiculaires à son contour, lames caractéristiques du genre *Jovellania*.

Dévonien inférieur. Saint-Cénéré (Mayenne).

FIG. 3. — **Jovellania Buchi**. DE VERNEUIL, sp. — Portion d'un individu vu du côté d'une cloison, montrant sa forme triangulaire et son large siphon voisin du bord. Le siphon est garni des lamelles rayonnantes caractéristiques de ce genre.

Dévonien inférieur. Néhou (Manche).

FIG. 4. — **Actinoceras Puzosi**. BARRANDE, sp. — Fragment d'un individu scié longitudinalement et poli. On y distingue six cloisons, le siphon médian de forme nummuloïde, les anneaux obstructeurs également développés des deux côtés du siphon, séparés par des lignes transverses figurant les membranes sphéroïdes comprimées, et enfin le canal central qui traverse ces anneaux dans le sens longitudinal du fossile.

Cet échantillon a été déjà figuré par M. Barrande dans son grand ouvrage intitulé : *Système silurien du centre de la Bohême*, t. II, 2ᵉ série, pl. CCXXXV, f. 4, 5. 1866.

Dévonien inférieur. Néhou (Manche).

FIG. 5. — **Actinoceras Puzosi**. BARRANDE, sp. — Portion d'un individu dont une seule cloison est visible. Le test du siphon nummuloïde a été détruit, mais on voit la surface externe des anneaux obstructeurs.

Dévonien inférieur. Néhou (Manche).

FIG. 6. — **Actinoceras Puzosi**. BARRANDE, sp. — Individu disposé pour montrer sa forme arrondie et la position médiane du siphon.

Dévonien inférieur. Néhou (Manche).

FIG. 7. — **Cycloceras Lorieri**. D'ORBIGNY, sp. — Fragment d'un individu en partie engagé dans une gangue calcaire. On voit que le bord des cloisons correspond à l'intervalle des anneaux dont la coquille est ornée. Le test est conservé en quelques endroits.

Dévonien inférieur. Néhou (Manche).

FIG. 8. — **Cycloceras Lorieri**. D'ORBIGNY, sp. — Fragment d'un autre individu dont le test est bien conservé. On distingue les côtes longitudinales, qui se croisent avec d'autres côtes transversales beaucoup plus fines et plus rapprochées.

Dévonien inférieur. Néhou (Manche).

FIG. 9. — Le même, vu par son extrémité inférieure. On aperçoit au centre de la cloison l'étroit goulot du siphon médian.

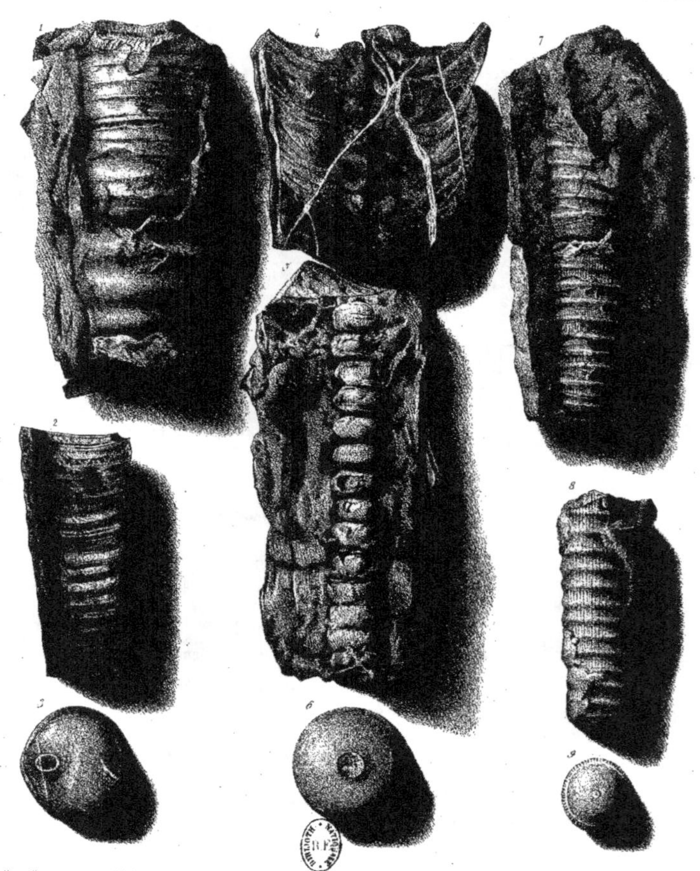

Dess. d'après nature par Nilsuma.

Imp. Lemercier et C.ie Paris.

PLANCHE XXXVI.

PLANCHE XXXVI.

EXPLICATION DES FIGURES.

FIG. 1. — **Nautilus clausus.** D'ORBIGNY. — Individu ayant conservé la plus grande partie de son test, vu de côté. Vers l'ouverture, où le test est enlevé, le moule montre le bord flexueux de cinq cloisons.

Oolithe inférieure ferrugineuse. Saint-Vigor, près de Bayeux (Calvados).

FIG. 2. — **Nautilus.....** — Section médiane d'un individu privé de sa dernière loge. On remarque la coupe du siphon médian qui est renflé dans l'intervalle de deux cloisons. L'avant-dernière cloison, brisée, n'est pas en place. La plus grande partie des loges sont remplies de calcite spathique, tandis que les deux premières ainsi que le siphon le sont par du calcaire oolithique très-ferrugineux.

Oolithe inférieure. Aalen (Wurtemberg).

Dessiné d'ap.nat.et lith.par N.H.Jacob.

Imp. Lemercier et C.ie Paris

PLANCHE XXXVII.

PLANCHE XXXVII.

EXPLICATION DES FIGURES.

FIG. 1. — **Nautilus excavatus.** SOWERBY. — Section médiane d'un individu privé de sa dernière
loge. On distingue le large siphon, placé un peu au-dessus du centre de la cloison
du côté ventral. Plusieurs loges sont remplies par du calcaire avec grains d'oolithe
ferrugineuse, et d'autres de calcite cristallisée. L'embryon est très-distinct.

Oolithe inférieure ferrugineuse. Saint-Vigor, près de Bayeux (Calvados).

FIG. 2. — **Nautilus excavatus.** SOWERBY. — Autre individu privé de sa dernière loge, vu du côté
ventral. On remarque le goulot du siphon vers le centre de la cloison.

Oolithe inférieure ferrugineuse. Saint-Vigor, près de Bayeux (Calvados).

FIG. 3. — Le même, vu de côté. Le test est en partie détruit, et l'on voit le bord de cinq cloisons
peu flexueuses.

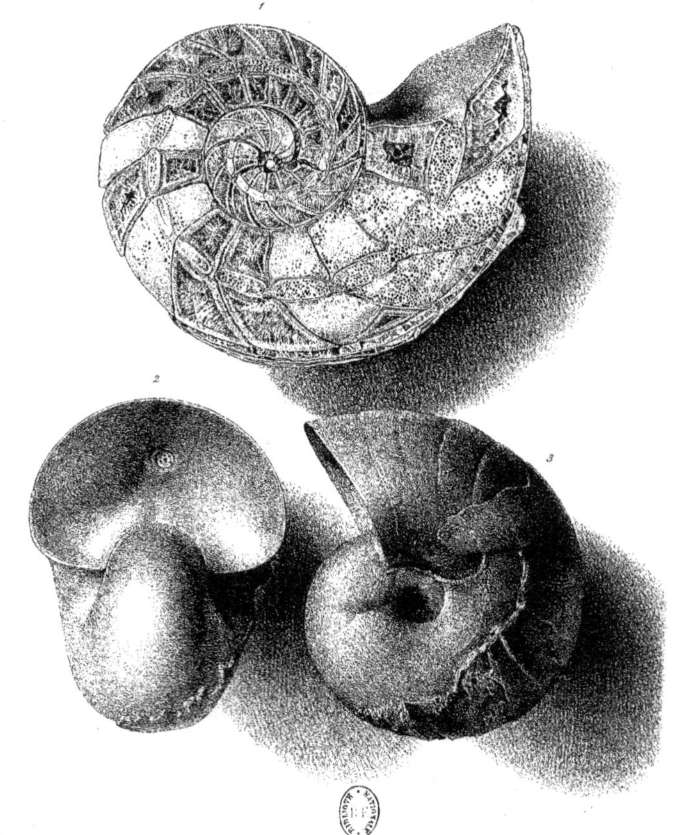

Dessiné d'après nature par N.H. Jacob

Imp. Lemercier et C.ie Paris

PLANCHE XXXVIII.

PLANCHE XXXVIII.

EXPLICATION DES FIGURES.

Fig. 1. — **Nautilus eximius.** Bayle. — Magnifique exemplaire de grandeur naturelle, dont le test est admirablement conservé, vu de côté.

Gault. Saint-Florentin (Yonne).

Fig. 2. — Le même, vu du côté ventral, pour montrer la profonde inflexion médiane de l'ouverture, qui correspond à l'entonnoir de l'animal.

PLANCHE XXXIX.

———

EXPLICATION DES FIGURES.

Fig. 1. — **Haaniceras nodosum.** V. Schlotheim, sp. — Moule d'un individu de taille moyenne. Le dernier tour présente les grosses côtes qui remplacent les deux rangées de tubercules des premiers. On voit le bord des cloisons, dont les selles sont lisses et les lobes portent des denticulations.

    Muschelkalk. Leineckerberg (Bavière).

Fig. 2. — **Haaniceras nodosum.** V. Schlotheim, sp. — Jeune individu remarquable par la saillie des pointes externes.

    Muschelkalk. Niederbronn (Bas-Rhin).

Fig. 3. — **Haaniceras nodosum.** V. Schlotheim, sp. — Jeune individu dépourvu de son test. Les deux rangées de tubercules des premiers tours sont déjà effacées sur le dernier et remplacées par une côte. Le bord des cloisons est usé, de telle sorte que les denticulations des lobes ont disparu.

    Muschelkalk. Leineckerberg (Bavière).

Dess. d'ap. nat. et lith. par N.H. Jacob.

Imp. Lemercier et Cie. Paris

PLANCHE XL.

PLANCHE XL.

EXPLICATION DES FIGURES.

Fig. 1. — **Buchiceras Tissoti.** Bayle. — Individu dont la dernière loge n'es. pas complète et qui est dépourvu de son test. On distingue les cloisons dont les lobes sont denticulés, tandis que les selles, à l'exception de la première selle latérale, sont lisses.

Craie inférieure (?). Province de Constantine.

Fig. 2. — **Buchiceras Fourneli.** Bayle, sp. — Individu de taille moyenne dont la dernière loge n'est pas entière, vu du côté ventral pour montrer la forme triangulaire de l'ouverture et la carène.

Craie inférieure. M'zab-el-M'saï (province de Constantine).

Fig. 3. — **Buchiceras Fourneli.** Bayle, sp. — Jeune individu montrant les côtes larges, irrégulières et flexueuses, dont le test est orné.

Craie inférieure. M'zab-el-M'saï (province de Constantine).

Fig. 4. — **Buchiceras Fourneli.** Bayle, sp. — Individu déjà représenté par la figure 2, vu de côté. Les côtes du jeune âge sont réduites à leur tubercule externe. On voit distinctement le bord de six cloisons.

Craie inférieure. M'zab-el-M'saï (province de Constantine).

PLANCHE XLI.

PLANCHE XLI.

EXPLICATION DES FIGURES.

Fig. 1. — **Phylloceras heterophyllum.** Sowerby, sp. — Magnifique exemplaire, dont le test, entièrement conservé, montre les stries fines, légèrement flexueuses qui lui servent d'ornement.

Lias supérieur. Whitby (Angleterre).

PLANCHE XLII.

PLANCHE XLII.

EXPLICATION DES FIGURES.

Fig. 1. — **Phylloceras heterophylloïdes**. Oppel, sp. — Individu de taille mcyenne, vu de côté, ayant conservé la plus grande partie de son test. Dans la partie où le test est détruit, on voit le bord de trois cloisons et le sillon laissé sur le moule par le bourrelet intérieur.

Oolithe inférieure ferrugineuse. Saint-Vigor (Calvados).

Fig. 2. — **Phylloceras heterophylloïdes**. Oppel, sp. — Autre individu plus jeune, vu du côté ventral, pour montrer sa forme renflée et celle de l'ouverture. Une portion du test enlevée laisse voir le bord de quatre cloisons.

Oolithe inférieure ferrugineuse. Saint-Vigor (Calvados).

Fig. 3. — **Phylloceras circe**. Hébert, sp. — Moule d'un individu de moyenne taille, vu de côté, montrant les quatre sillons infléchis en avant sur le milieu des tours.

Oolithe inférieure. Beaumont, près de Digne (Basses-Alpes).

Fig. 4. — Le même, vu du côté ventral.

Fig. 5. — **Phylloceras heterophylloïdes**. Oppel, sp. — Moule d'un individu de taille moyenne, vu de côté, ayant quatre sillons.

Oolithe inférieure. Beaumont, près de Digne (Basses-Alpes).

Fig. 6. — **Phylloceras heterophylloïdes**. Oppel, sp. — Moule d'un individu, vu de côté, présentant trois sillons.

Oolithe inférieure. Beaumont, près de Digne (Basses-Alpes).

Fig. 7. — **Phylloceras heterophylloïdes**. Oppel, sp. — Moule d'un individu de taille moyenne, vu de côté, offrant quatre sillons irrégulièrement distants.

Oolithe inférieure. Beaumont, près de Digne (Basses-Alpes).

Fig. 8. — **Phylloceras heterophylloïdes**. Oppel, sp. — Moule d'un individu jeune, vu de côté. Les cinq sillons sont très-irrégulièrement espacés.

Oolithe inférieure. Beaumont, près de Digne (Basses-Alpes).

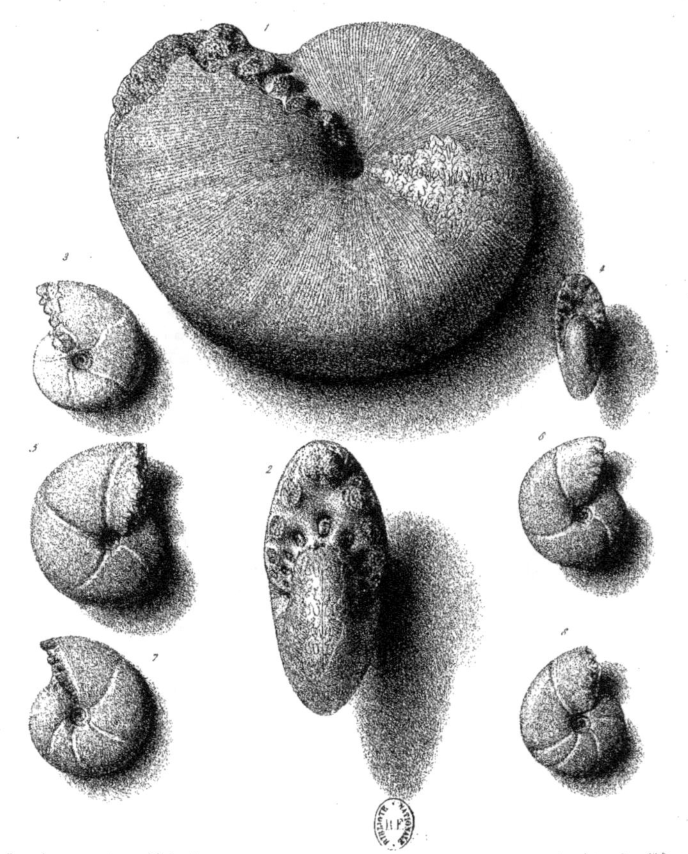

PLANCHE XLIII.

EXPLICATION DES FIGURES.

Fig. 1. — **Pachyceras Lalandei.** D'Orbigny, sp. — Individu de taille moyenne, dépourvu de son test.

    Oxfordclay (argile de Dives). Dives (Calvados).

Fig. 2. — **Pachyceras Lalandei.** D'Orbigny, sp. — Jeune individu dont le test bien conservé montre les larges côtes caractéristiques de cette espèce.

    Oxfordclay (argile de Dives). Dives (Calvados).

Fig. 3. — **Phylloceras viator.** D'Orbigny, sp. — Moule d'un individu adulte dont l'ombilic est masqué par la gangue.

    Grande oolithe. Chaudon (Basses-Alpes).

Fig. 4. — **Phylloceras viator.** D'Orbigny, sp. — Autre individu légèrement comprimé, dont les côtes sont moins accusées que dans l'exemplaire représenté par la figure 3. L'ombilic, très-étroit, est visible.

    Grande oolithe. Chaudon (Basses-Alpes).

Dessiné d'ap. nat. et lith. par N. H. Jacob.

Imp. Lemercier et Cie. Paris.

PLANCHE XLIV.

PLANCHE XLIV.

EXPLICATION DES FIGURES.

Fig. 1. — **Lytoceras cornucopiæ.** Young et Bird, sp. — Individu très-bien conservé, dont le test montre tous ses ornements et ses divers bourrelets.

Lias supérieur. La Verpillière (Isère).

Fig. 2. — **Lytoceras cornucopiæ.** Young et Bird, sp. — Autre individu plus jeune, montrant la finesse des ornements et l'irrégularité des bourrelets des trois premiers tours.

Lias supérieur. La Verpillière (Isère).

Fig. 3. — **Lytoceras cornucopiæ.** Young et Bird, sp. — Le même vu du côté ventral, pour faire voir la forme arrondie de son ouverture.

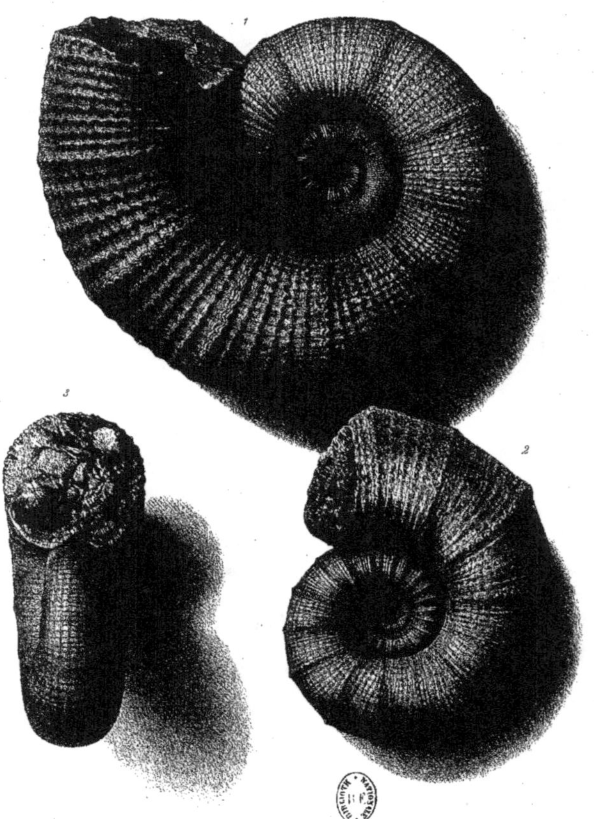

PLANCHE XLV.

PLANCHE XLV.

EXPLICATION DES FIGURES.

Fɪɢ. 1. — **Hoplites gladiator.** Bayle. — Individu adulte vu de côté, dont la dernière loge n'est pas conservée.

> *Gault.* Machéroménil (Ardennes).

Fɪɢ. 2. — Le même, disposé pour montrer l'alternance des tubercules externes dans la région ventrale.

Fɪɢ. 3. — **Puzosia latidorsata.** Michelin, sp. — Moule d'un individu de taille moyenne, vu de côté.

> *Gault.* Clars, près d'Escragnolles (Var).

Fɪɢ. 4. — **Puzosia latidorsata.** Michelin, sp. — Jeune individu dépouillé de son test, vu de côté. Le moule montre vers l'ouverture quelques sillons flexueux.

> *Gault.* Clars, près d'Escragnolles (Var).

Fɪɢ. 5. — Le même, vu du côté ventral pour montrer la forme quadrangulaire des tours.

Fɪɢ. 6. — **Puzosia Mayori.** D'Orbigny, sp. — Moule d'un jeune individu, vu de côté. On voit les sillons obliques des tours assez régulièrement distants, et, sur la région ventrale, des côtes très-fines qui s'effacent vers le milieu des flancs.

> *Gault.* Clars, près d'Escragnolles (Var).

Fɪɢ. 7. — **Puzosia Mayori.** D'Orbigny, sp. — Moule d'un individu plus jeune que le précédent, vu de côté. Les fines côtes ventrales, visibles sur l'avant-dernier tour, ont disparu sur le dernier.

> *Gault.* Clars, près d'Escragnolles (Var).

Fɪɢ. 8. — **Puzosia Mayori.** D'Orbigny, sp. — Moule d'un très-jeune individu, vu de côté, ne montrant que les sillons infléchis que portent les tours.

> *Gault.* Clars, près d'Escragnolles (Var).

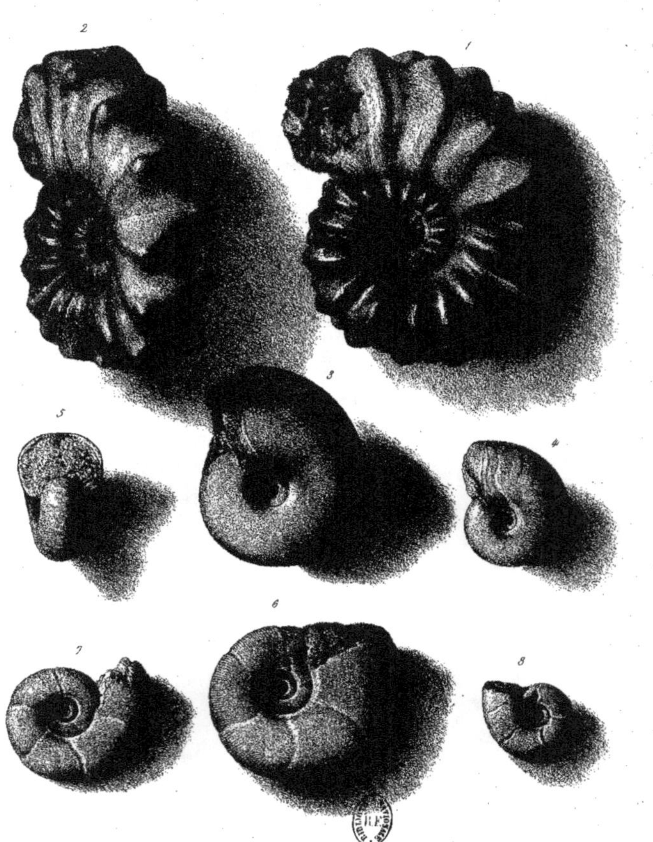

Dessiné d'ap. nat. et lith. par H. H. Jacob

Imp. Lemercier & C.ie Paris

PLANCHE XLVI.

PLANCHE XLVI.

EXPLICATION DES FIGURES.

F_{IG}. 1. — **Puzosia planulata.** S_{OWERBY}, sp. — Individu adulte privé de son test et dont la dernière
loge n'est pas conservée. Les premiers tours sont masqués par la gangue. On remarque
les bourrelets irrégulièrement distants que portent les tours, et qui deviennent de
moins en moins accusés en se rapprochant de l'ouverture.

Craie inférieure. Vergons (Basses-Alpes).

F_{IG}. 2. — **Stoliczkaia dispar.** D'O_{RBIGNY}, sp. — Individu adulte, privé de son test. On voit que
les larges côtes que portent les premiers tours finissent par s'effacer complètement
sur le dernier.

Craie inférieure (gaize). Montblainville (Meuse).

PLANCHE XLVII.

PLANCHE XLVII.

——

EXPLICATION DE LA FIGURE.

FIG. 1. — **Aspidoceras faustum.** BAYLE. — Magnifique exemplaire ayant conservé tout son test.
On voit que les premiers tours sont simplement ornés de côtes flexueuses irrégulières,
et que les tubercules n'apparaissent que plus tard ; la section des tours est quadrangulaire.

Oxfordclay (argile de Dives). Dives (Calvados).

PLANCHE XLVIII.

PLANCHE XLVIII.

EXPLICATION DES FIGURES.

FIG. 1. — **Aspidoceras hirsutum.** BAYLE. — Individu adulte dont le test a été détruit. Les tubercules sont plus saillants et plus espacés que dans l'*A. faustum;* les tours sont ronds, tandis que leur section est quadrangulaire dans ce dernier.

Oxfordclay (*argile de Dives*). Dives (Calvados).

FIG. 2. — **Aspidoceras Babeaui.** D'ORBIGNY, sp. — Jeune individu, vu de côté. Dans cette espèce plus renflée que les *A. hirsutum* et *faustum*, les tubercules de la rangée ventrale sont moins externes.

Oxfordclay (*argile de Dives*). Dives (Calvados).

FIG. 3. — **Aspidoceras faustum.** BAYLE. — Jeune individu, vu du côté ventral pour montrer la forme quadrangulaire des tours de spire.

Oxfordclay (*argile de Dives*). Dives (Calvados).

Dessiné d'ap. nat. et lith. par N. H. Jacob.

Imp. Lemercier et Cie Paris.

PLANCHE XLIX.

PLANCHE XLIX.

EXPLICATION DES FIGURES.

Fig. 7. — **Peltoceras athleta.** Phillips, sp. — Individu de petite taille, de grandeur naturelle, vu du côté ventral, pour montrer les côtes plates qui, dans la région ventrale, se soudent aux tubercules externes.

Fig. 8. — Le même, vu de côté. Les cinq premiers tours montrent très-distinctement les côtes irrégulièrement bifides, qui sur les tours suivants se transforment en deux rangées latérales de tubercules.

Oxfordien inférieur. Argile de Dives (Calvados).

Fig. 9. — **Peltoceras athleta.** Phillips, sp. — Autre individu, vu de côté. Les côtes du dernier tour commencent à devenir tuberculeuses à leurs extrémités et montrent les trois petites côtes partant du tubercule externe, pour s'étaler sur la région ventrale.

Oxfordien inférieur. Argile de Dives (Calvados).

Fig. 10. — **Peltoceras athleta.** Phillips, sp. — Autre individu, vu du côté ventral et montrant la disposition de ses côtes externes.

Oxfordien inférieur. Argile de Dives (Calvados).

Fig. 11. — **Peltoceras athleta.** Phillips, sp. — Autre individu, vu de côté. Dans cet exemplaire, les tubercules ont apparu beaucoup plus tard que chez les précédents.

Oxfordien inférieur. Argile de Dives (Calvados).

PLANCHE L.

PLANCHE L.

EXPLICATION DES FIGURES.

Fig. 1. — **Deroceras Davoei.** Sowerby, sp. — Exemplaire adulte, montrant la disparition des tubercules sur le dernier tour.

Lias moyen. Pouilly-en-Auxois.

Fig. 2. — **Ægoceras capricornus.** V. Schlotheim, sp. — Individu adulte, dont le test, bien conservé, laisse voir les stries fines situées entre les grosses côtes.

Lias moyen. Environs de Nancy (Meurthe).

Fig. 3. — **Deroceras armatum.** Sowerby, sp. — Le test de cet individu n'a pas été conservé; le moule montre la base de la rangée d'épines situées sur chaque côté de la région ventrale et qui devaient être très-saillantes.

Lias moyen. Lyme-Regis (Angleterre).

Dessiné d'apr. nat. et lith. par N. H. Jacob.

Imp. Lemercier et C.ie Paris.

PLANCHE. LI.

PLANCHE LI.

-- --

EXPLICATION DES FIGURES.

FIG. 1. — **Stephanoceras Freycineti.** BAYLE. — Individu de taille moyenne, ayant conservé la plus grande partie de son test. Les cloisons sont distinctes dans les trois parties des tours où le test est enlevé.

Oolithe inférieure ferrugineuse. Saint-Vigor, près de Bayeux (Calvados).

FIG. 2. — **Stephanoceras Humphriesi.** SOWERBY, sp. — Jeune individu vu du côté ventral pour montrer sa forme renflée et la disposition des côtes.

Oolithe inférieure ferrugineuse. Saint-Vigor, près de Bayeux (Calvados).

FIG. 3. — **Stephanoceras Humphriesi.** SOWERBY, sp. — Jeune individu vu le côté, montrant les côtes qui, partant de l'ombilic, se terminent vers le milieu des tours par un tubercule d'où naissent des faisceaux de côtes plus fines non interrompues sur la région ventrale.

Oolithe inférieure ferrugineuse. Saint-Vigor, près de Bayeux (Calvados).

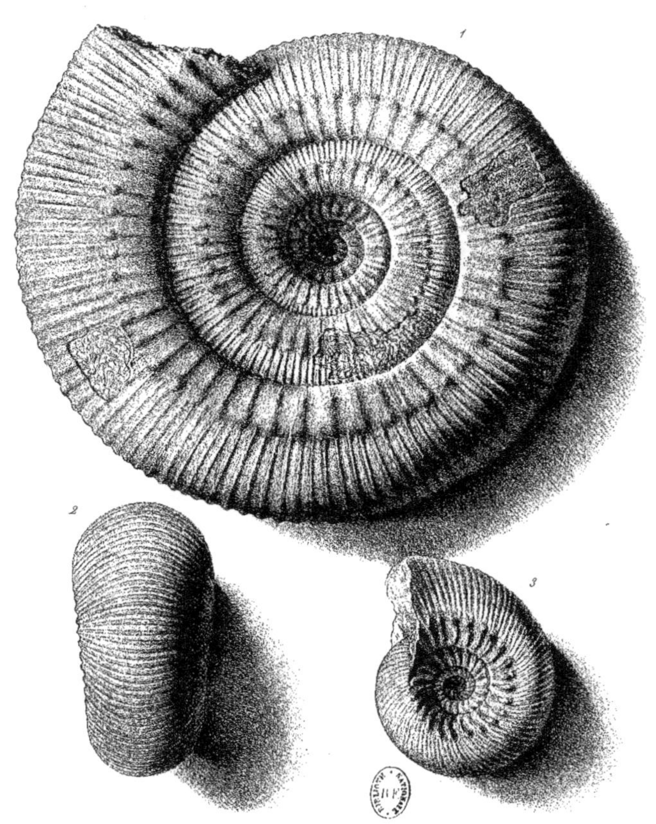

Dessiné d'ap. nature et lith. par N.H. Jacob

Imp. Lemercier et Cᵉ Paris

PLANCHE LII.

PLANCHE LII.

EXPLICATION DES FIGURES.

Fig. 1. — **Sphæroceras Brocchii.** Sowerby, sp. — Individu adulte dont la dernière loge n'est pas conservée. L'ombilic, entièrement découvert, laisse voir les ornements des premiers tours.

Oolithe inférieure. Les Moutiers, près de Caen (Calvados).

Fig. 2. — **Sphæroceras Brocchii.** Sowerby, sp. — Jeune individu dont l'ouverture montre un sillon profond et très-infléchi.

Oolithe inférieure. Les Moutiers, près de Caen (Calvados).

Fig. 3. — **Sphæroceras Brocchii.** Sowerby, sp. — Individu de taille moyenne privé de son test et dont l'ombilic, dégagé de la gangue, laisse voir les premiers tours.

Oolithe inférieure. Les Moutiers, près de Caen (Calvados).

Fig. 4. — **Sphæroceras Brocchii.** Sowerby, sp. — Autre individu, vu du côté ventral pour montrer sa forme renflée. La dernière loge manque, et l'ouverture présente la surface d'une cloison.

Oolithe inférieure. Les Moutiers, près de Caen (Calvados).

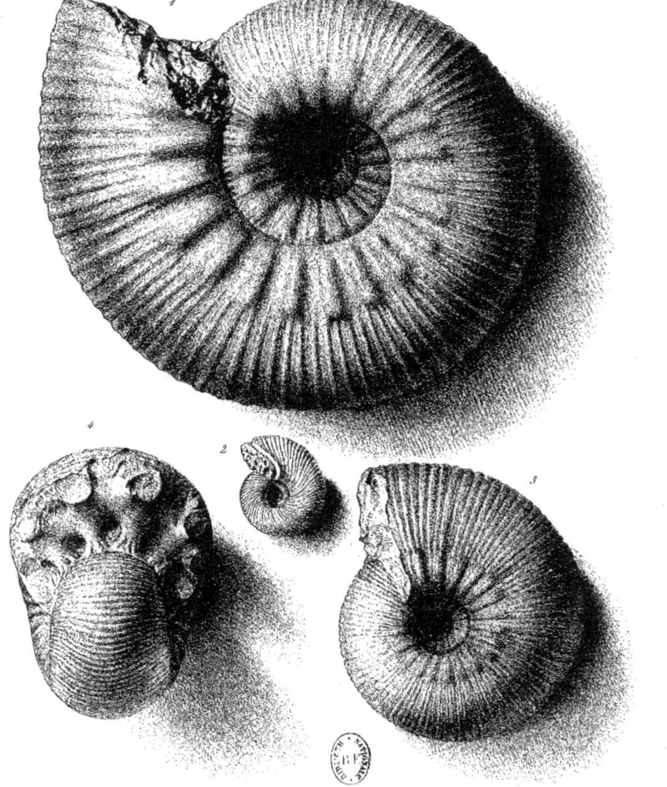

PLANCHE LIII.

EXPLICATION DES FIGURES.

FIG. 1. — **Sphæroceras contractum.** SOWERBY, sp. — Individu adulte, montrant une portion de l'ouverture.

 Oolithe inférieure. Les Moutiers, près de Caen (Calvados).

FIG. 2. — **Sphæroceras contractum.** SOWERBY, sp. — Autre individu ayant conservé une portion du test des premiers tours; on voit que les côtes dont le test est orné sont beaucoup plus fines que sur le moule.

 Oolithe inférieure. Les Moutiers, près de Caen (Calvados).

FIG. 3. — **Sphæroceras Brongniarti.** SOWERBY, sp. — Jeune individu, montrant l'ouverture dont le bord externe est intact. Le test est presque entièrement conservé.

 Oolithe inférieure ferrugineuse. Saint-Vigor, près de Bayeux (Calvados).

FIG. 4. — **Sphæroceras Brongniarti.** SOWERBY, sp. — Autre individu vu du côté ventral, pour montrer la forme de l'ouverture.

 Oolithe inférieure ferrugineuse. Saint-Vigor, près de Bayeux (Calvados).

FIG. 5. — **Sphæroceras Brongniarti.** SOWERBY, sp. — Jeune individu, dont le test est intact, montrant son ouverture.

 Oolithe inférieure ferrugineuse. Saint-Vigor, près de Bayeux (Calvados).

FIG. 6. — **Sphæroceras Gervillei.** SOWERBY, sp. — Individu de taille moyenne privé de son test, offrant une partie de l'ouverture.

 Oolithe inférieure. Les Moutiers, près de Caen (Calvados).

FIG. 7. — **Sphæroceras Gervillei.** SOWERBY, sp. — Individu adulte, ayant conservé une partie de son test et montrant l'ouverture entière.

 Oolithe inférieure. Les Moutiers, près de Caen (Calvados).

Dessiné d'après nature et lith. par M.re Lacroix.

Imp. Lemercier et Cie, Paris.

PLANCHE LIV.

PLANCHE LIV.

EXPLICATION DES FIGURES.

Fɪɢ. 1. — **Stephanoceras coronatum.** Bʀᴜɢᴜɪᴇ̀ʀᴇ, sp. — Individu de forme plate, remarquable par la saillie des tubercules des premiers tours. Le test n'est pas conservé et quelques côtes sont usées.

Callovien. Mamers (Sarthe).

Fɪɢ. 2. — **Stephanoceras coronatum.** Bʀᴜɢᴜɪᴇ̀ʀᴇ, sp. — Moule d'un individu, vu de côté pour montrer la grande épaisseur des tours.

Callovien. Pougues (Nièvre).

Fɪɢ. 3. — Le même, vu par le flanc. Les premiers tours sont masqués par la gangue.

Imp. Lemercier & C.ie Paris

PLANCHE LV.

PLANCHE LV.

EXPLICATION DES FIGURES.

Fig. 1. — **Olcostephanus Astieri.** D'Orbigny, sp. — Individu de grande taille, vu de côté, privé de son test. Il montre le moule du bourrelet interne de l'ouverture.

Terrain néocomien. La Martre (Var).

Fig. 2. — **Olcostephanus Astieri.** D'Orbigny, sp. — Autre individu, vu de côté et dépourvu de son test. Les côtes sont plus nombreuses et plus fines que dans le précédent.

Terrain néocomien. Saint-Martin (Var).

Fig. 3. — **Olcostephanus Astieri.** D'Orbigny, sp. — Autre individu, vu de côté, privé de son test. Il montre la forme de l'ouverture.

Terrain néocomien. Saint-Martin (Var).

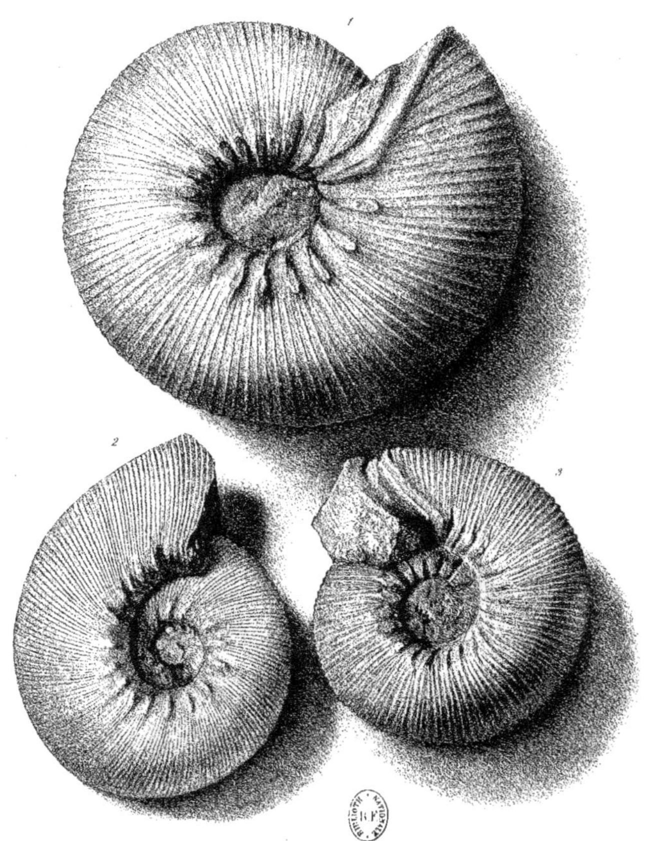

PLANCHE LVI.

PLANCHE LVI.

EXPLICATION DES FIGURES.

Fig. 1. — **Reineckeia anceps.** Reinecke, sp. — Individu de taille moyenne de forme renflée, vu de côté. Cette forme est remarquable par la grosseur des tubercules et des côtes qui s'en détachent.

Callovien. Marolles-les-Braux (Sarthe).

Fig. 2. — **Reineckeia anceps.** Reinecke, sp. — Individu de la forme aplatie, vu de côté. On a enlevé une partie de l'avant-dernier tour pour montrer la forme renflée du jeune individu. On voit que les tubercules s'effacent, quand l'animal passe de la forme renflée à la forme aplatie. On connaît tous les passages entre ces deux types extrêmes.

Callovien. Marolles-les-Braux (Sarthe).

Fig. 3. — **Reineckeia anceps.** Reinecke, sp. — Jeune individu du type renflé, vu du côté ventral, pour montrer le méplat médian qui sépare les faisceaux de côtes des flancs.

Callovien. Marolles-les-Braux (Sarthe).

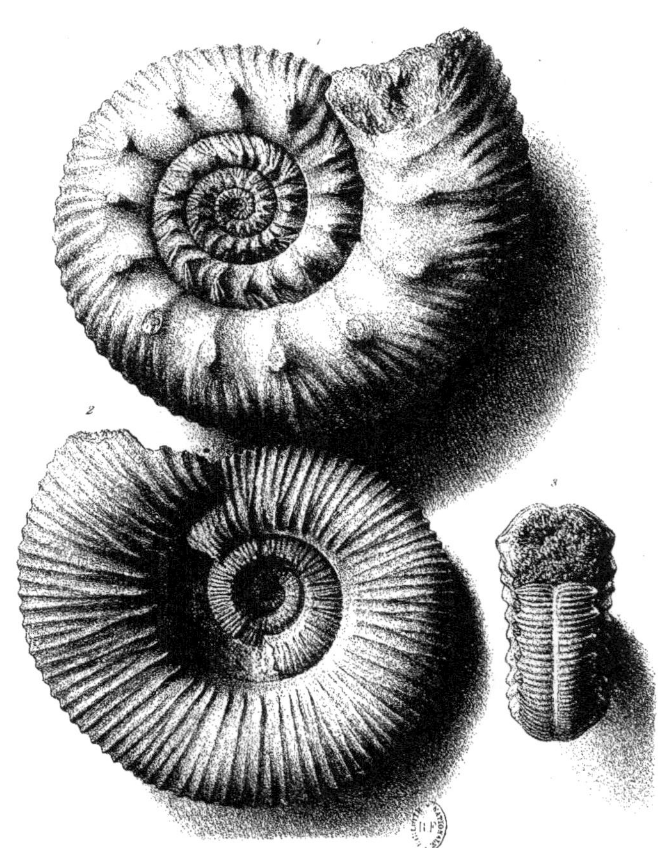

Dessiné d'ap. nat. et lith. par N.H. Jacob

Imp. Lemercier et Cie Paris

PLANCHE LVII.

PLANCHE LVII.

EXPLICATION DES FIGURES.

Fig. 1. — **Cosmoceras Jason.** Zieten, sp. — Individu adulte, vu de côté. On voit que les faisceaux de côtes qui, dans les premiers tours, partent de la seconde rangée de tubercules, disparaissent sur le dernier, tandis que les tubercules persistent, pour s'effacer à leur tour, dans le voisinage de l'ouverture, chez certains individus.
Callovien. Marolles-les-Braulx (Sarthe).

Fig. 2. — **Cosmoceras Jason.** Zieten, sp. — Jeune individu posé pour montrer le méplat de la région ventrale.
Callovien. Marolles-les-Braulx (Sarthe).

Fig. 3. — **Cosmoceras Elizabethæ.** Pratt, sp. — Individu légèrement écrasé, dont le test est entièrement conservé. L'ouverture entière montre la longue languette médiane du flanc gauche.
Callovien. Christian-Malford (Angleterre).

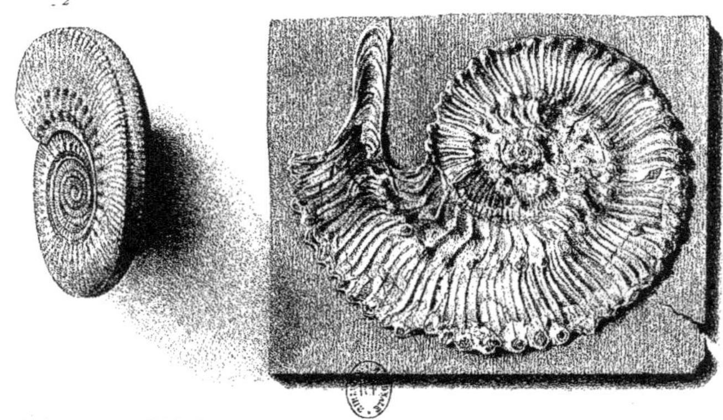

Dessiné d'ap. nat. et lith. par N.H.Jacob.   Imp. Lemercier et Cie Paris

PLANCHE LVIII.

PLANCHE LVIII.

EXPLICATION DES FIGURES.

Fig. 1. — **Cosmoceras Dunkani**. Sowerby, sp. — Magnifique exemplaire adulte dont le test, conservé dans les premiers tours, manque sur les deux derniers. On voit comment les côtes tuberculeuses varient en s'approchant de l'ouverture.
Oxfordien. Dives (Calvados).

Fig. 2. — **Cosmoceras Dunkani**. Sowerby, sp. — Jeune individu. Le dernier tour commence à perdre les tubercules dont les premiers sont ornés.
Oxfordien. Dives (Calvados).

Fig. 3. — **Cosmoceras Gulielmi**. Sowerby, sp. — Jeune individu, vu du côté ventral pour montrer les deux rangs des tubercules ventraux séparés par une surface lisse.
Oxfordien. Dives (Calvados).

Fig. 4. — Le même, vu de côté.

Fig. 5. — **Cosmoceras Dunkani**. Sowerby, sp. — Jeune individu montrant distinctement les côtes en faisceaux partant de l'ombilic pour se réunir à un tubercule situé au milieu des flancs, s'en détacher ensuite et se souder de nouveau à un second tubercule externe.
Oxfordien. Dives (Calvados).

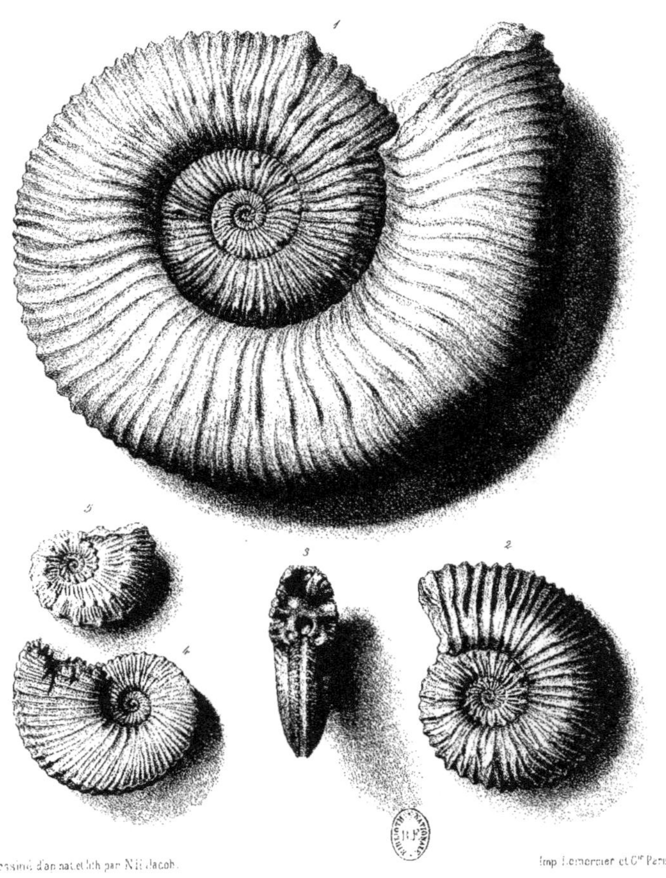

PLANCHE LIX.

PLANCHE LIX.

EXPLICATION DES FIGURES.

F_{IG}. 1. — **Acanthoceras mammillare.** V. Schlotheim, sp. — Magnifique exemplaire, dont le test
conservé montre les épines longues et pointues qui hérissent les côtes, du côté de
l'ombilic et sur le milieu des tours.

   Gault. Dienville (Aube).

F_{IG}. 2. — Autre individu, vu de côté. Cet individu, plus jeune que le précédent, montre des côtes
plus saillantes et presque toutes ses épines entièrement conservées.

F_{IG}. 3. — Le même, vu du côté ventral pour faire voir la saillie des nodosités dont les côtes sont
ornées.

   Gault. Dienville (Aube).

PLANCHE LX.

PLANCHE LX.

EXPLICATION DES FIGURES.

F_{IG}. 4. — **Acanthoceras mammillare**. V. S_{CHLOTHEIM}, sp. — Individu de taille moyenne, remarquable par la grosseur des tubercules que portent les côtes. Les premiers tours de spire ne sont pas conservés.

    Gault. Machéroménil (Ardennes).

F_{IG}. 5. — **Sonneratia Dutemplei**. D'O_{RBIGNY}, sp. — Individu de moyenne taille, vu du côté ventral. On remarque la forme de l'ouverture qui présente le reste d'une cloison et les plis ondulés de la région ventrale.

    Gault. Machéroménil (Ardennes).

F_{IG}. 6. — **Sonneratia Dutemplei**. D'O_{RBIGNY}, sp. — Autre individu, vu de côté. Les premiers tours de spire et la dernière loge ne sont pas conservés.

    Gault. Machéroménil (Ardennes).

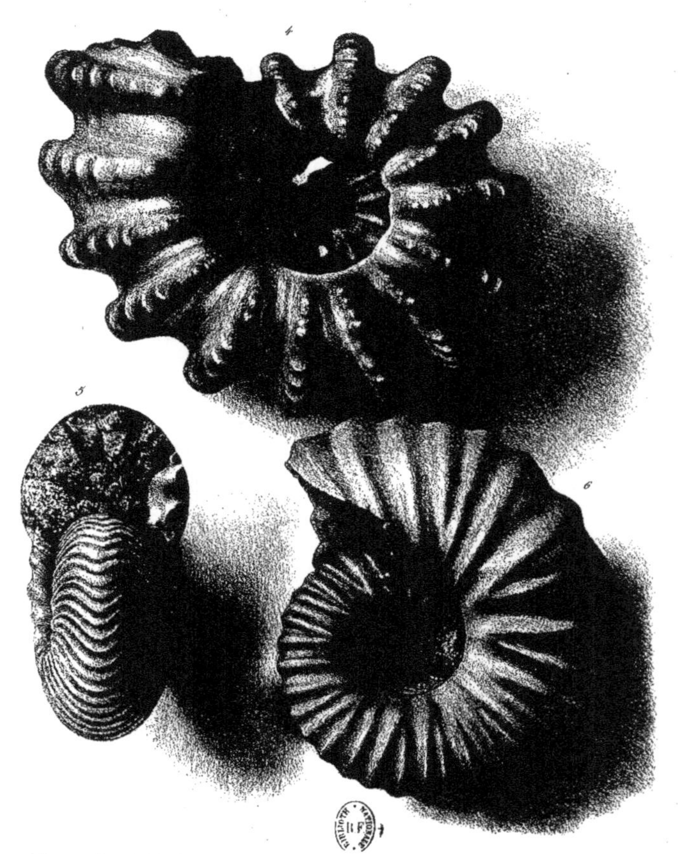

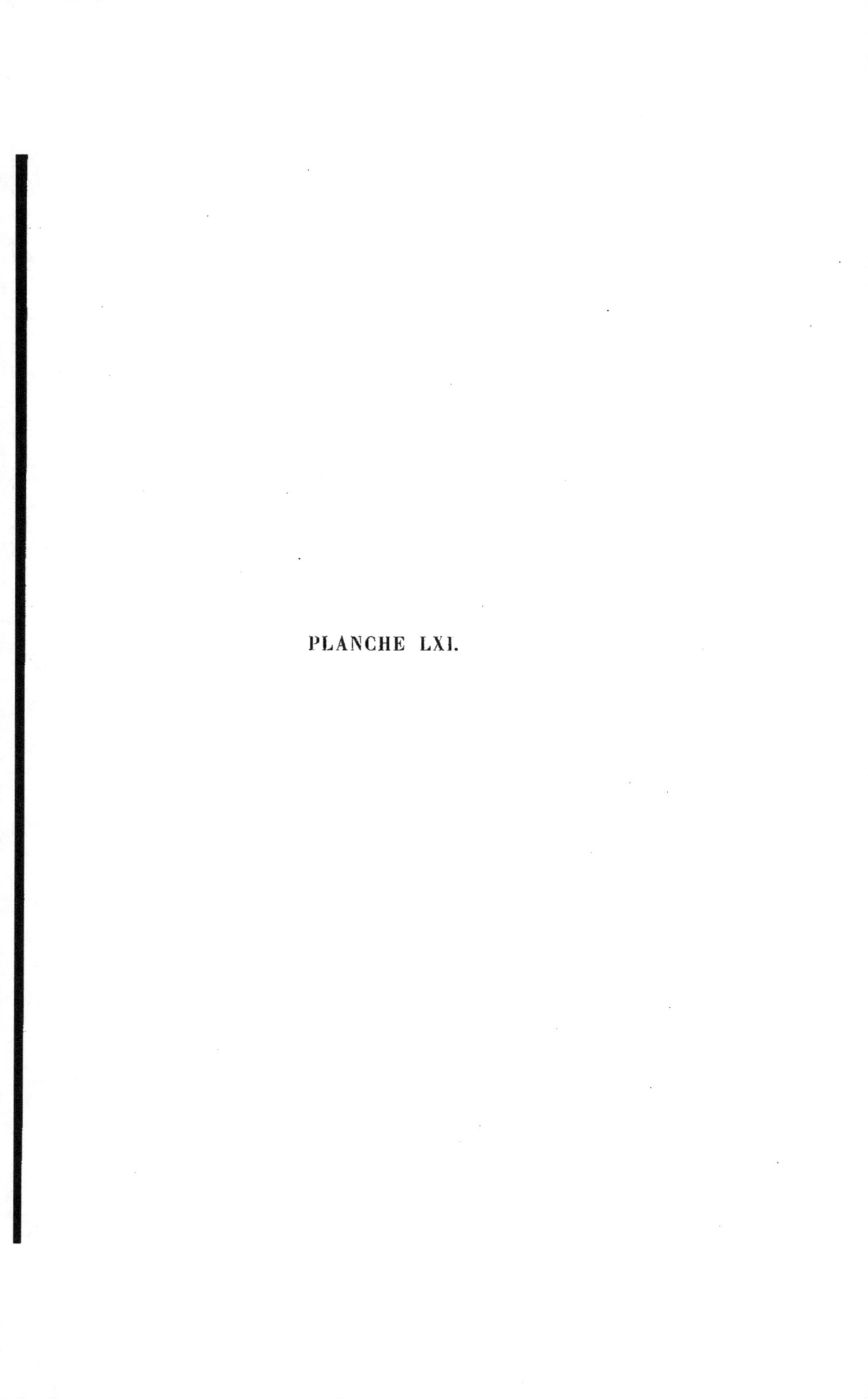

PLANCHE LXI.

PLANCHE LXI.

EXPLICATION DES FIGURES.

FIG. 1. — **Acanthoceras Mantelli.** SOWERBY, sp. — Individu adulte, vu de côté, remarquable par la grosseur de ses côtes et la saillie de ses tubercules.

   · *Craie inférieure.* Vitry-le-Français (Marne).

FIG. 2. — **Acanthoceras Mantelli.** SOWERBY, sp. — Jeune individu, dépourvu de son test, vu de côté. Les côtes sont bien plus fines et bien plus rapprochées que dans e précédent.

   Craie inférieure. Auxon (Aube).

FIG. 3. — **Acanthoceras Mantelli.** SOWERBY, sp. — Moule d'un jeune individu, vu de côté.

   Craie inférieure. Auxon (Aube).

FIG. 4. — Le même, vu du côté ventral, pour montrer le méplat caractéristique de cette région dans les premiers tours, mais qui s'atténue de plus en plus en se rapprochant du dernier tour sur lequel il disparaît complètement.

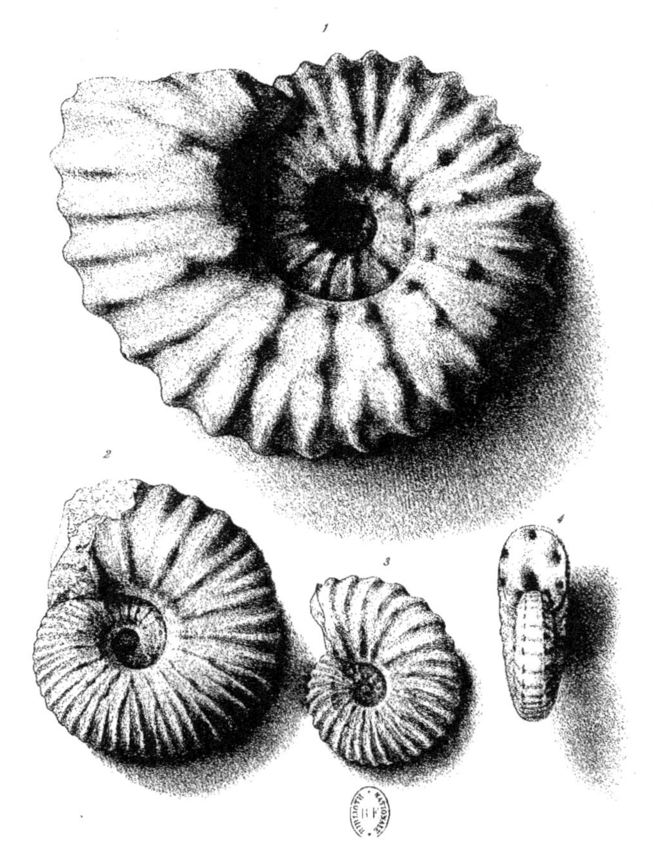

Dessiné d'après nature et lithographié par N. Rémond Jacob

Imp. Lemercier et Cie, Paris

PLANCHE LXII,

PLANCHE LXII.

EXPLICATION DES FIGURES.

Fig. 1. — **Acanthoceras sarthacense.** Bayle. — Individu privé de sa dernière loge, vu de côté. Les premiers tours sont détruits, et l'on aperçoit à l'ouverture les restes du bord d'une cloison.

Craie inférieure. Carrière de Sainte-Croix, près du Mans (Sarthe).

Fig. 2. — Le même, incliné du côté ventral pour montrer la section quadrangulaire des tours.

PLANCHE LXIII.

PLANCHE LXIII.

EXPLICATION DES FIGURES.

Fɪɢ. 1. — **Acanthoceras rothomagense.** Dᴇғʀᴀɴᴄᴇ, sp. — Individu de taille moyenne, vu de côté. Le dernier tour porte des côtes simples tuberculeuses.

Craie inférieure. Montagne de Sainte-Catherine, près de Rouen (Seine-Inférieure).

Fɪɢ. 2. — Le même, représenté du côté ventral pour montrer la rangée de tubercules placés au milieu de la courbure externe.

Fɪɢ. 3. — **Acanthoceras rothomagense.** Dᴇғʀᴀɴᴄᴇ, sp. — Jeune individu, vu de côté. Il montre qu'à cet âge les côtes des flancs sont irrégulièrement dichotomes.

Craie inférieure. Montagne de Sainte-Catherine, près de Rouen (Seine-Inférieure).

Fɪɢ. 4. — **Acanthoceras rothomagense.** Dᴇғʀᴀɴᴄᴇ, sp. — Très-jeune individu, vu du côté ventral.

Craie inférieure. Montagne de Sainte-Catherine, près de Rouen (Seine-Inférieure).

Fɪɢ. 5. — Le même, vu de côté. On voit qu'à cet âge les tubercules dont les côtes sont ornées sont plus aigus que dans les individus adultes.

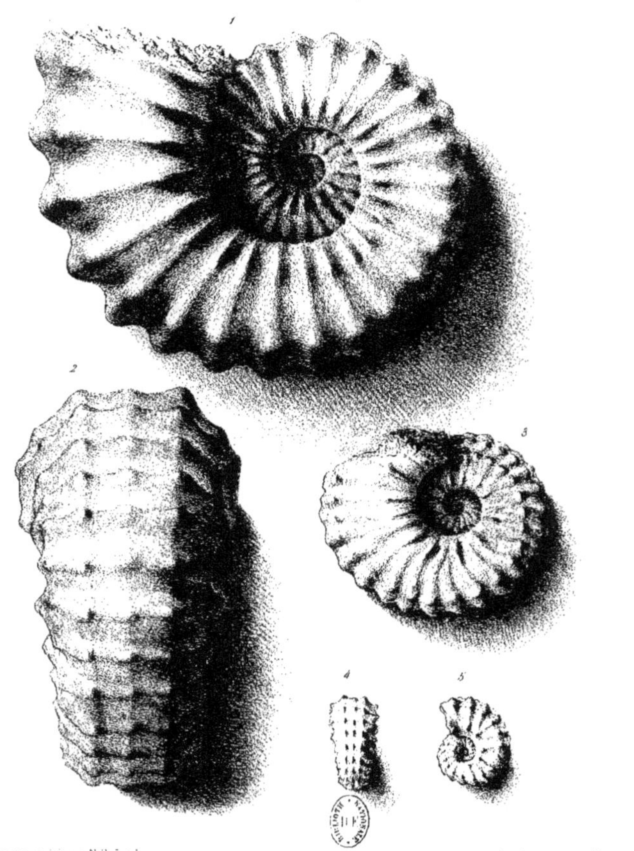

Dessiné d'après nat. et lith. par N.H. Jacob.

Imp. Lemercier et Cie Paris.

PLANCHE LXIV.

PLANCHE LXIV.

EXPLICATION DE LA FIGURE.

FIG. 1. — **Acanthoceras laticlavium.** SHARPE, sp. — Individu adulte privé de son test. La dernière
loge est en grande partie conservée. On aperçoit le bord de plusieurs cloisons. Les
premiers tours de spire sont brisés.

Craie inférieure. Neu-Cöln (Allemagne).

1

PLANCHE LXV.

PLANCHE LXV.

EXPLICATION DES FIGURES.

Fig. 1. — **Schlotheimia angulata.** V. Schlotheim, sp. — Individu adulte, montrant l'effacement graduel des côtes près de l'ombilic sur le dernier tour.

Infralias. Mœhringen, près Stuttgart (Wurtemberg).

Fig. 2. — **Psiloceras planorbe.** Sowerby, sp. — Individu adulte, privé d'une partie de son test. Le test est orné de côtes irrégulières très-fines, tandis que le moule montre des côtes beaucoup plus grosses.

Infralias. Bebenhausen (Wurtemberg).

Fig. 3. — **Psiloceras planorbe.** Sowerby, sp. — Autre individu, dont le moule présente des côtes bien plus irrégulières que dans l'exemplaire précédent.

Infralias. Esslingen (Wurtemberg).

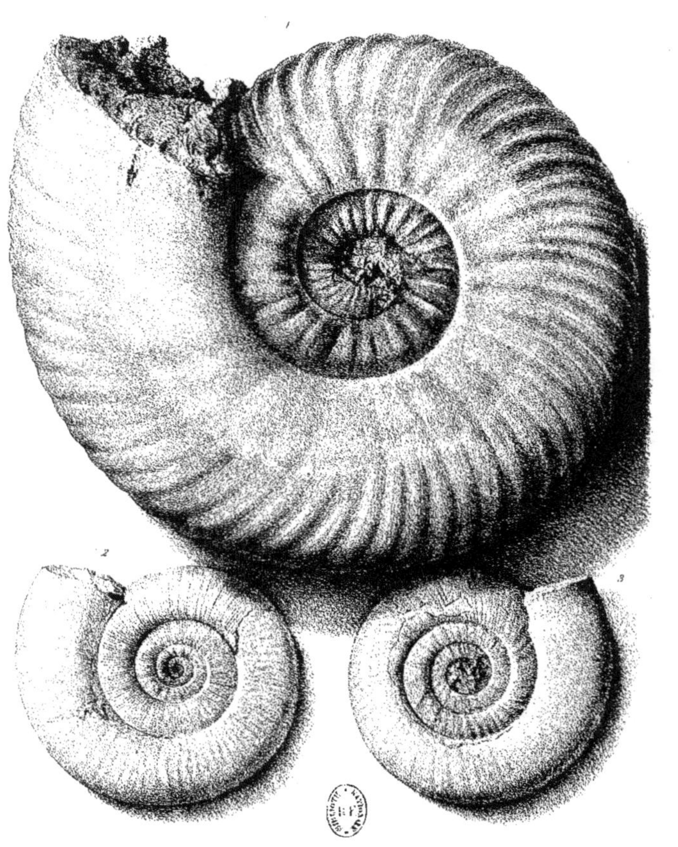

Dessiné d'ap. nat. et lith. par N.H. Jacob.

Imp. Lemercier et C.ie Paris.

PLANCHE LXVI.

PLANCHE LXVI.

EXPLICATION DES FIGURES.

FIG. 1. — **Pictonia Cymodoce**. D'Orbigny, sp. — Individu dont le test est presque entièrement conservé, vu de côté. Les bourrelets saillants et très-irréguliers que portent les premiers tours sont effacés sur le dernier. On aperçoit le bord de cinq cloisons dans la portion de la spire où le test est enlevé.

Kimmeridien inférieur. Cap de la Hève, près du Havre (Seine-Inférieure).

FIG. 2. — **Pictonia Cymodoce**. D'Orbigny, sp. — Coupe médiane d'un autre individu, dont la plupart des loges ont leurs parois tapissées de calcite spathique, tandis que les autres sont remplies de calcaire compact. Le siphon, visible dans une grande partie de la coquille, a été détruit en plusieurs endroits, mais en ces derniers on distingue le goulot. Cette figure a été exécutée avec la plus scrupuleuse exactitude.

Kimmeridien inférieur. Cap de la Hève, près du Havre (Seine-Inférieure).

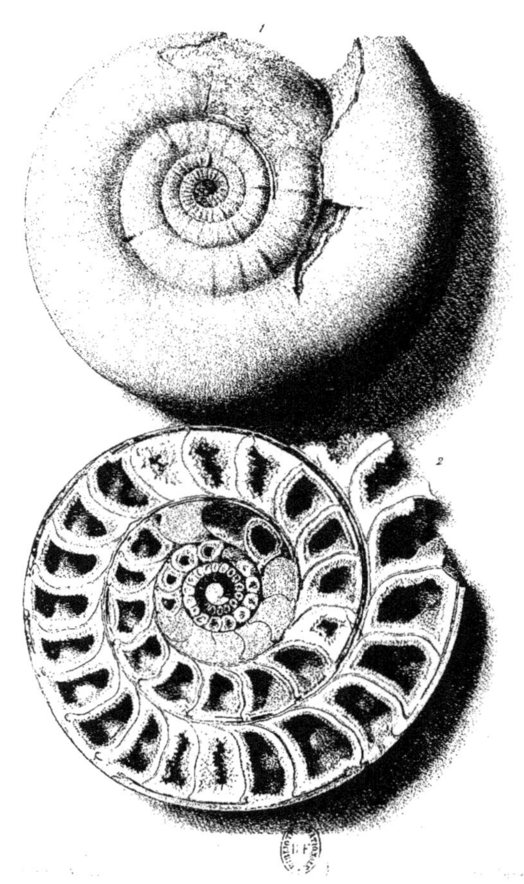

1
2

PLANCHE LXVII.

PLANCHE LXVII.

EXPLICATION DES FIGURES.

F_{IG}. 1. — **Parkinsonia Neuffensis.** O_{PPEL}, sp. — Individu vu de côté. Le test est presque entièrement conservé.

Oolithe inférieure ferrugineuse. Saint-Vigor (Calvados).

F_{IG}. 2. — **Parkinsonia Parkinsoni.** S_{OWERBY}, sp. — Individu dont le test admirablement conservé montre les épines qui naissent au point de bifurcation des côtes.

F_{IG}. 3. — Le même, disposé pour faire voir le méplat résultant de l'interruption des côtes sur la région ventrale.

Oolithe inférieure ferrugineuse. Saint-Vigor (Calvados).

Pl. LXVII.

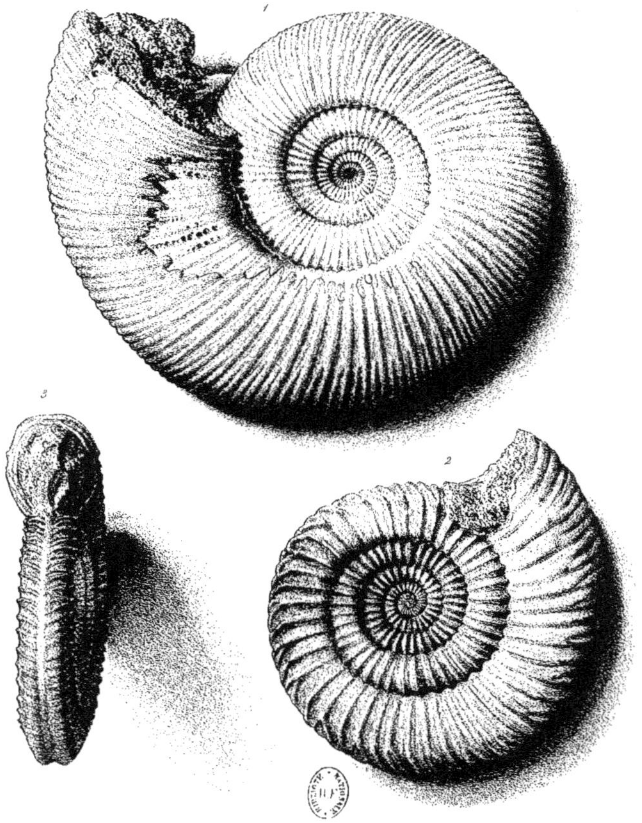

Dessiné d'ap. nat. et lith. par [illegible]

Imp. Lemercier et Cie Paris

PLANCHE LXVIII.

PLANCHE LXVIII.

EXPLICATION DES FIGURES.

Fig. 1. — **Perisphinctes Martelli**. Oppel, sp. — Jeune individu, dont le test est entièrement conservé et montre le relief des côtes presque régulièrement bifides qui en constituent l'ornement.

Oxfordclay. Trouville (Calvados).

Fig. 2. — **Perisphinctes Martelli**. Oppel, sp. — Moule d'un jeune individu, présentant la trace laissée sur chaque tour par les bourrelets internes du test.

Oxfordclay. Neuvizy (Ardennes).

Fig. 3. — **Perisphinctes Martelli**. Oppel, sp. — Individu plus jeune que les précédents, dont les tours montrent les sillons correspondants aux bourrelets internes. On voit que ces sillons sont irrégulièrement distribués.

Oxfordclay. Neuvizy (Ardennes).

Fig. 4. — **Perisphinctes Mosensis**. Bayle. — Moule d'un individu orné de côtes assez régulièrement distantes, dont la plupart sont bifides et les autres trifides. Cette espèce est moins ombiliquée et a les tours moins carrés que la précédente.

Coralrag. Creuë (Meuse).

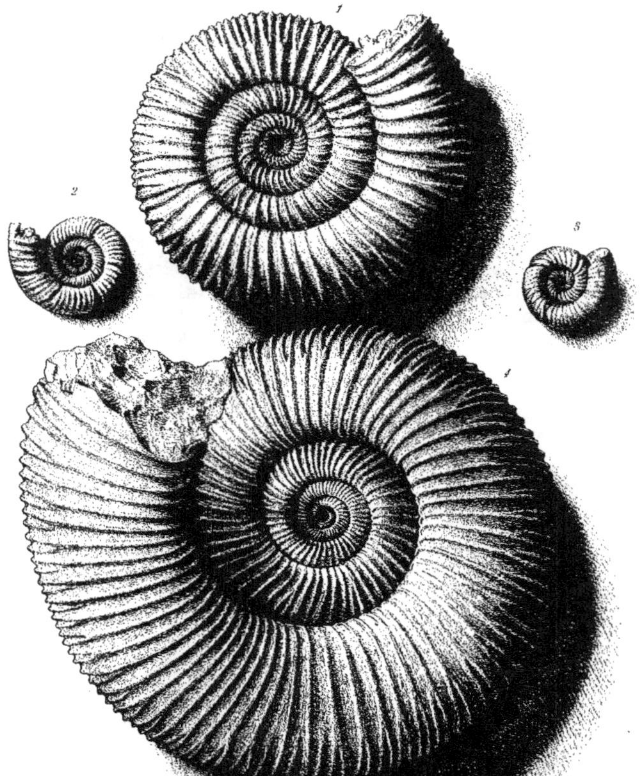

Imp. Lemercier et Cⁱᵉ Paris.

PLANCHE LXIX.

PLANCHE LXIX.

EXPLICATION DES FIGURES.

Fig. 1. — **Parkinsonia Wurtembergica.** Oppel, sp. — Magnifique exemplaire adulte. Il montre que, dans le dernier tour, les ornements n'existent que sur la région ventrale.

Bathonien. Eimen (Brunswick).

Fig. 2. — **Parkinsonia Wurtembergica.** Oppel, sp. — Jeune individu, montrant les côtes bifurquées dont le test est orné.

Fig. 3. — Le même, vu du côté ventral, pour montrer le sillon qui sépare dans cette région les côtes bifides des côtés.

Bathonien. Eimen (Brunswick).

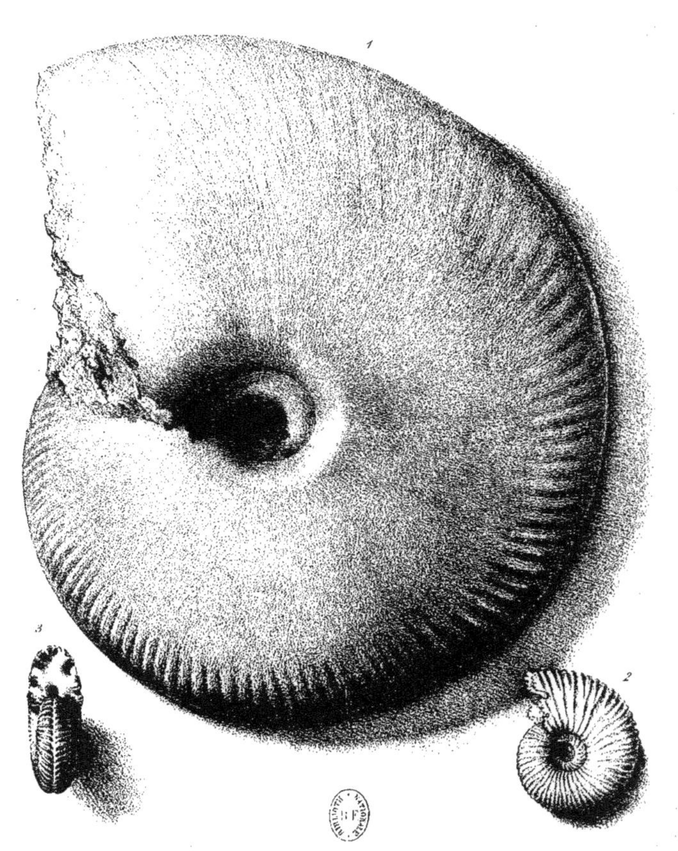

Dessiné d'après nat. et lith. par N. Hdcoub

Imp. Lemercier et Cie. Paris

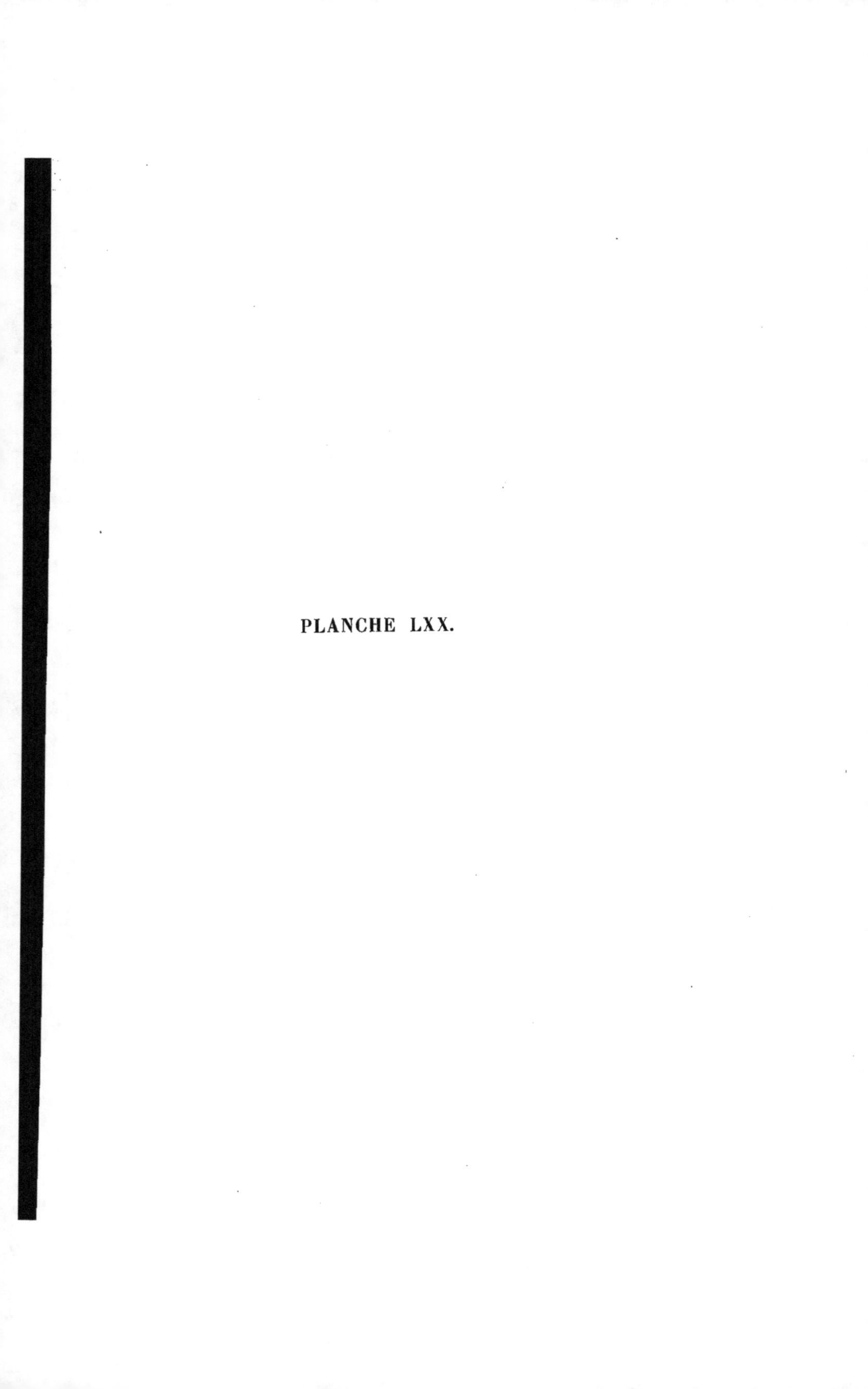

PLANCHE LXX.

PLANCHE LXX.

EXPLICATION DES FIGURES.

Fig. 1. — **Hoplites radiatus.** Bruguière, sp. — Individu de taille moyenne, dont le test est conservé. On remarque la base des deux rangées de longues épines que portent les tours, et qui caractérisent cette espèce.

Néocomien (calcaire à spatangues). Vendœuvre (Aube).

Fig. 2. — Le même, disposé pour montrer le méplat caractéristique de la région ventrale, ainsi que les côtes larges et saillantes qui, de chaque côté, naissent de ce méplat.

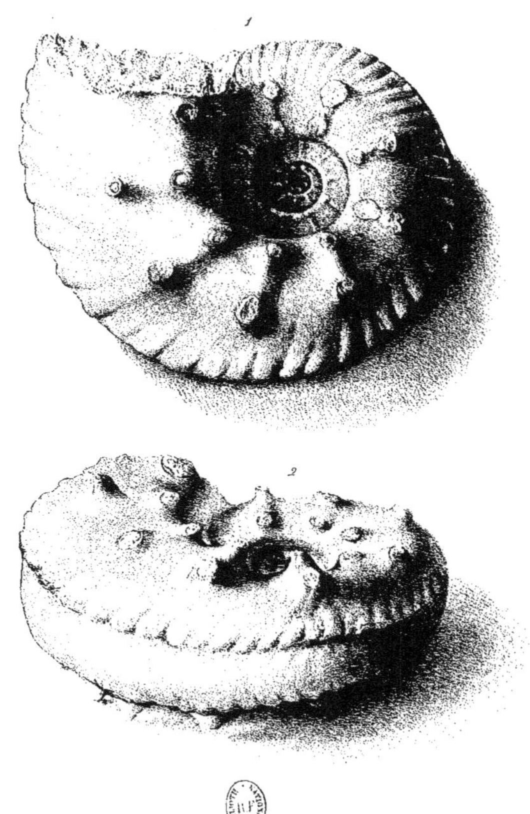

PLANCHE LXXI.

EXPLICATION DES FIGURES.

FIG. 1. — **Hoplites Benettiæ**. SOWERBY, sp. — Individu de taille moyenne, privé de sa dernière loge, vu de côté. Le test est complètement conservé.

Gault. Dienville (Aube).

FIG. 2. — **Hoplites Benettiæ**. SOWERBY, sp. — Autre individu de forme plus renflée que le précédent et dont le test est également intact.

Gault. Dienville (Aube).

FIG. 3. — **Hoplites Benettiæ**. SOWERBY, sp. — Jeune individu, vu du côté ventral pour montrer sa forme renflée et le canal assez profond placé sur la région ventrale.

Gault. Dienville (Aube).

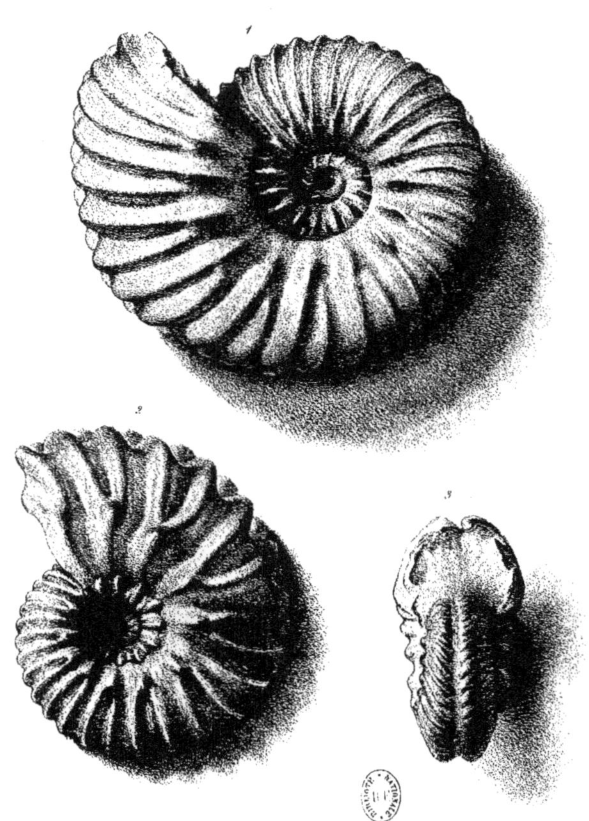

Dessiné d'après nature et lith. par A. Laurens

PLANCHE LXXII.

PLANCHE LXXII.

EXPLICATION DES FIGURES.

Fig. 1. — **Hoplites Michelini.** D'Orbigny, sp. — Moule d'un individu adulte, ayant conservé quelques fragments de test. Le centre est détruit. On voit que les tubercules disparaissent sur le dernier tour.

Gault. Machéroménil (Ardennes).

Fig. 2. — **Hoplites Michelini.** D'Orbigny, sp. — Jeune individu, dont les tubercules sont très-saillants, vu de côté.

Gault. Machéroménil (Ardennes).

Fig. 3. — **Hoplites Archiaci.** D'Orbigny, sp. — Jeune individu, vu de trois quarts, montrant la saillie et l'alternance des tubercules dans la région ventrale.

Gault. Machéroménil (Ardennes).

Imp. Lemercier et C.ie Paris.

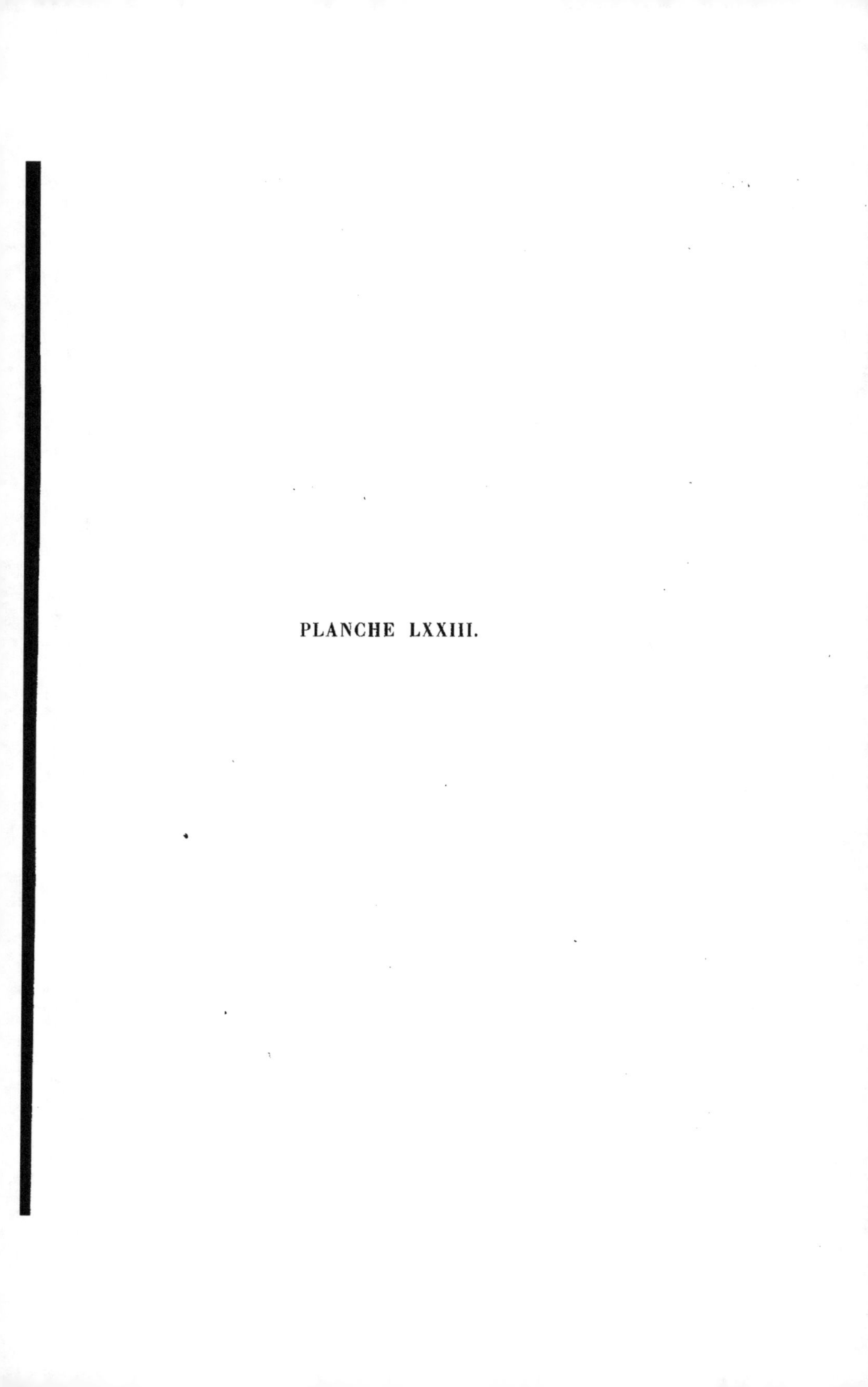

PLANCHE LXXIII.

PLANCHE LXXIII.

EXPLICATION DES FIGURES.

FIG. 1. — **Hoplites auritus.** Sowerby, sp. — Individu adulte, dont le dernier tour a perdu les tubercules voisins de l'ombilic que portent les premiers.

Craie inférieure (gaize). Montblainville (Meuse).

FIG. 2. — **Hoplites auritus.** Sowerby, sp. — Jeune individu placé pour montrer la disposition des tubercules dans la région ventrale.

Craie inférieure (gaize). Cap de la Hève, près du Havre (Seine-Inférieure).

FIG. 3. — **Schloenbachia rostrata.** Sowerby, sp. — Jeune individu dont les premiers tours sont détruits.

Craie inférieure (gaize). Cap de la Hève, près du Havre (Seine-Inférieure).

FIG. 4. — **Hoplites auritus.** Sowerby, sp. — Individu déjà représenté par la figure 2, vu de côté. On remarque la saillie des pointes voisines de l'ombilic, d'où naissent les côtes en faisceau.

PLANCHE LXXIV.

PLANCHE LXXIV.

EXPLICATION DES FIGURES.

Fig. 1. — **Hoplites Tethydis.** Bayle. — Individu presque adulte, dont le test est conservé, vu de côté.

    Gault. Folkstone (Angleterre).

Fig. 2. — Le même, vu du côté ventral pour montrer le méplat et l'alternance des tubercules qui le bordent de chaque côté.

Fig. 3. — **Hoplites Raulini.** D'Orbigny, sp. — Jeune individu, vu de côté.

    Gault. Machéroménil (Ardennes).

Fig. 4. — **Acanthoceras Lyelli.** Leymerie, sp. — Individu de la plus grande taille connue, vu de côté. Le test, entièrement conservé, montre les côtes régulières ornées de tubercules qui s'observent sur tous les tours de spire.

    Gault. Saint-Florentin (Yonne).

Fig. 5. — **Acanthoceras Lyelli.** Leymerie, sp. — Jeune individu privé de son test, vu de côté.

    Gault. Clars, près d'Escragnolles (Var).

Fig. 6. — **Acanthoceras Lyelli.** Leymerie, sp. — Autre individu, vu du côté ventral pour montrer la rangée médiane de tubercules.

    Gault. Clars, près d'Escragnolles (Var).

Fig. 7. — **Hoplites tuberculatus.** Sowerby, sp. — Jeune individu, vu de côté. On remarque la grandeur des pointes des premiers tours.

    Gault. Folkstone (Angleterre).

Fig. 8. — **Hoplites lautus.** Parkinson, sp. — Individu adulte, vu de côté, dont le test est entièrement conservé.

    Gault. Folkstone (Angleterre).

Fig. 9. — Le même, vu du côté ventral pour montrer la forme de l'ouverture ainsi que le sillon étroit et profond du bord ventral.

Dessiné d'ap. nat. et lith. par N.H Jacob.

Imp. Lemercier & Cie Paris

PLANCHE LXXV.

PLANCHE LXXV.

EXPLICATION DES FIGURES.

Fig. 1. — **Arietites Bucklandi.** Sowerby, sp. — Individu de taille moyenne, privé de son test, vu de côté, montrant ses côtes espacées, légèrement infléchies et terminées dans les premiers tours par une tubérosité peu saillante.

Lias inférieur. Stuttgart (Wurtemberg).

Fig. 2. — **Arietites Bucklandi.** Sowerby, sp. — Individu jeune, vu de trois quarts pour montrer la carène saillante de la région ventrale et le sillon situé de chaque côté, carène et sillons caractéristiques de ce genre.

Lias inférieur. Mœhringen (Wurtemberg).

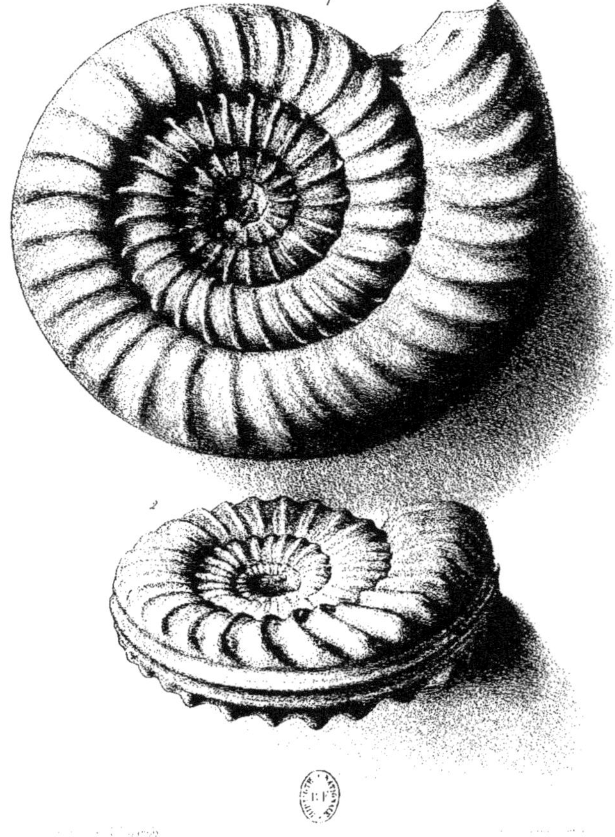

PLANCHE LXXVI.

PLANCHE LXXVI.

EXPLICATION DES FIGURES.

FIG. 1. — **Arietites Bonnardi.** D'ORBIGNY, sp. — Moule d'un individu dont quelques parties des tours sont brisées. Les premiers tours de la spire ne sont pas conservés. On aperçoit une portion de la carène ventrale. — Cet exemplaire, qui est le type de l'espèce, a été figuré par d'Orbigny (*Paléontologie française, terrain jurassique,* vol. I, p. 196, pl. XLVI, fig. 1-3). La figure donnée par l'auteur de la Paléontologie française est entièrement restaurée, tandis que celle de notre planche a été reproduite avec la plus grande exactitude.

    Lias inférieur. Stuttgart (Wurtemberg).

FIG. 2. — **Arietites Douvillei.** BAYLE. — Jeune individu, vu de côté. Le test est orné de côtes droites et très-régulièrement distantes.

    Lias inférieur. Semur (Côte-d'Or).

FIG. 3. — Le même, placé pour montrer la forme elliptique des tours et la carène ventrale bordée de chaque côté du sillon caractéristique des Arietites.

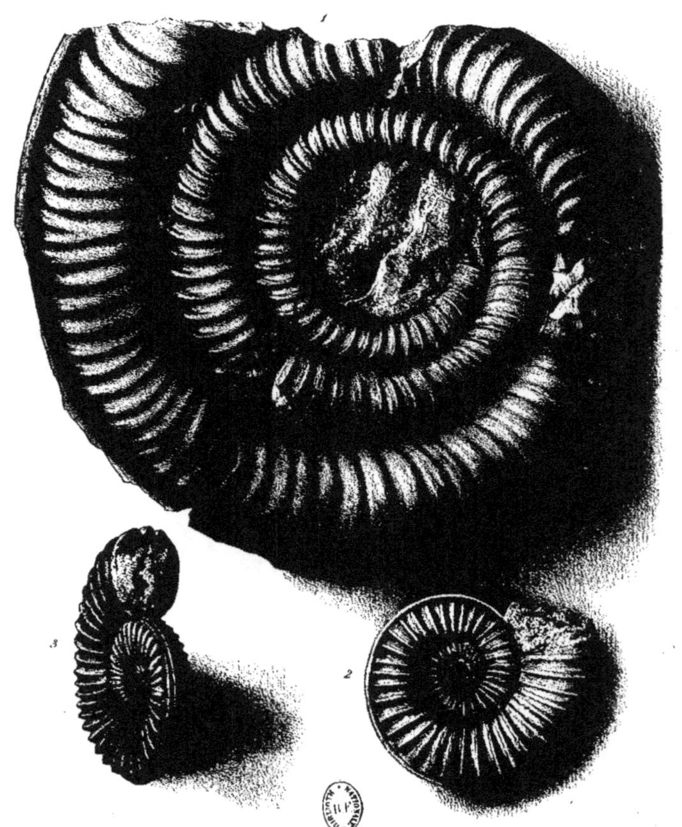

Dessiné d'après nat. et lith. par N.H Jacob.

Imp. Lemercier & Cie Paris.

PLANCHE LXXVII.

PLANCHE LXXVII.

EXPLICATION DES FIGURES.

FIG. 1. — **Microderoceras Birchi.** SOWERBY, sp. — Moule d'un individu adulte, à tours de spire très-découverts, montrant la base des deux rangées régulières de pointes qui ornementent le test.

Lias inférieur. Lyme Regis (Angleterre).

FIG. 2. — **Echioceras rarecostatum.** ZIETEN, sp. — Individu adulte, privé de son test, montrant les côtes régulières que portent les tours de spire.

Lias inférieur. Seichamp, près de Nancy (Meurthe).

FIG. 3. — Le même, vu du côté ventral pour montrer sa forme comprimée et la carène ventrale.

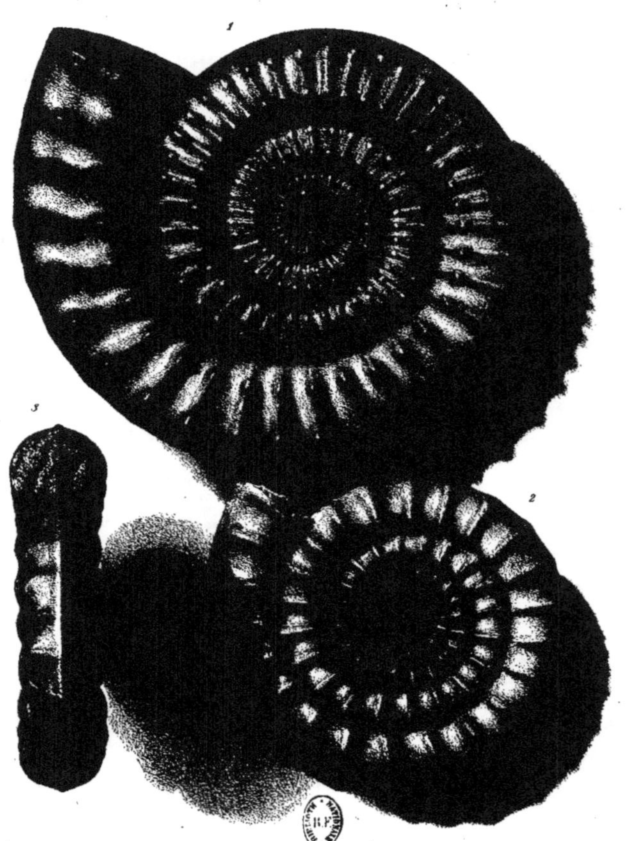

PLANCHE LXXVIII.

EXPLICATION DES FIGURES.

Fɪɢ. 1. — **Grammoceras fallaciosum.** Bᴀʏʟᴇ. — Individu de grandeur naturelle, vu de côté. Le test, bien conservé, montre les larges côtes flexueuses dont il est orné. Le dernier tour présente la carène ventrale.

Lias supérieur. Uhrweiler (Bas-Rhin).

Fɪɢ. 2. — Le même, vu de trois quarts pour montrer la forme de l'ouverture et la carène ventrale.

Fɪɢ. 3. — **Grammoceras Thouarsense.** D'Oʀʙɪɢɴʏ, sp. — Jeune individu, privé de sa dernière loge, vu de côté.

Lias supérieur. Besançon (Doubs).

Fɪɢ. 4. — Le même, vu du côté ventral pour montrer la carène.

Fɪɢ. 5. — **Grammoceras Thouarsense.** D'Oʀʙɪɢɴʏ, sp. — Individu de taille moyenne, dont le test est intact, vu de côté.

Lias supérieur. La Verpillière (Isère).

Fɪɢ. 6. — **Grammoceras Eseri.** Oᴘᴘᴇʟ, sp. — Individu de grandeur naturelle, ayant conservé toute sa carène ventrale, vu de côté.

Lias supérieur. Besançon (Doubs).

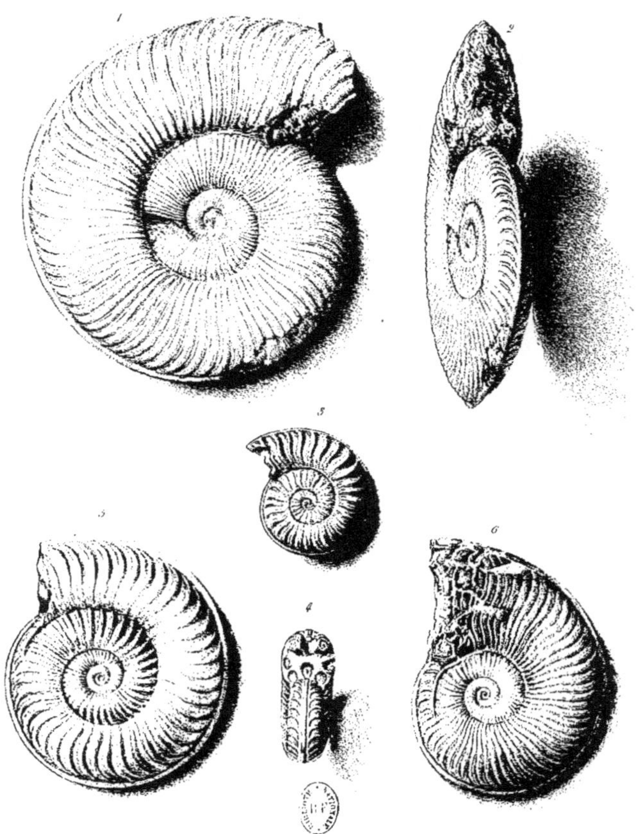

1
2
3
5
4
6

PLANCHE LXXIX.

PLANCHE LXXIX.

EXPLICATION DES FIGURES.

F_{IG}. 1. — **Ludwigia Aalensis.** Z_{IETEN}, sp. — Individu de grandeur naturelle, dont le test est intact, vu de côté.

> *Lias supérieur.* La Verpillière (Isère).

F_{IG}. 2. — Le même, vu du côté ventral pour montrer la forme de l'ouverture et la carène ventrale.

F_{IG}. 3. — **Ludwigia Aalensis.** Z_{IETEN}, sp. — Autre individu dont le test, bien conservé, est orné de côtes en faisceaux plus irréguliers que dans l'individu précédent.

> *Lias supérieur.* La Verpillière (Isère).

F_{IG}. 4. — **Ludwigia Aalensis.** Z_{IETEN}, sp. — Jeune individu à côtes plus grosses et plus espacées que dans les deux exemplaires figurés 1 et 3.

> *Lias supérieur.* La Verpillière (Isère).

F_{IG}. 5. — **Ludwigia costula.** R_{EINECKE}, sp. — Jeune individu ayant conservé une partie de sa carène qui est très-saillante.

> *Lias supérieur.* La Verpillière (Isère).

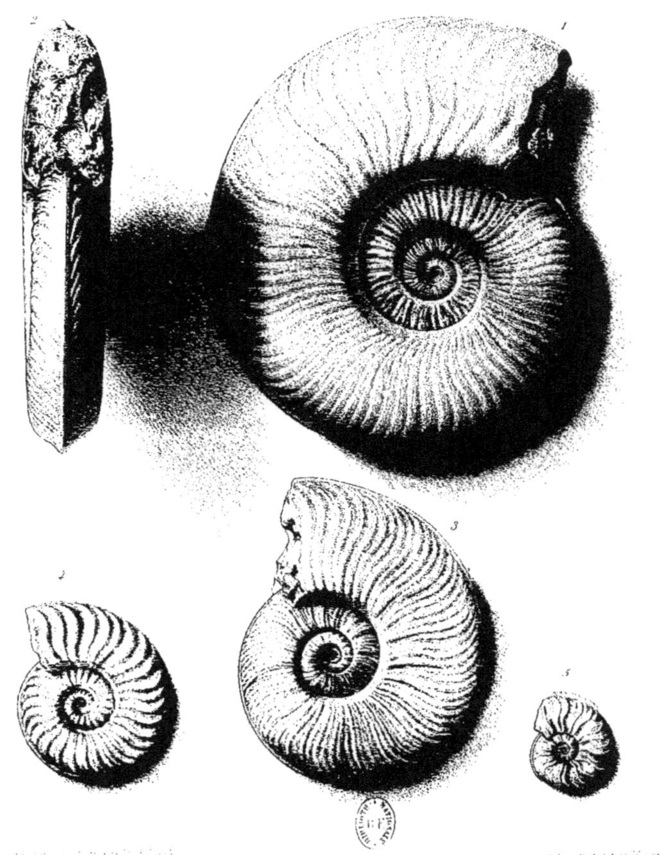

PLANCHE LXXX.

PLANCHE LXXX.

EXPLICATION DES FIGURES.

Fig. 1. — **Ludwigia opalina.** Reinecke, sp. — Individu de grandeur naturelle, ayant conservé la plus grande partie de son test. On distingue les faisceaux de côtes fines et flexueuses dont le test est orné.

Lias supérieur. Gundershoffen (Bas-Rhin).

Fig. 2. — **Ludwigia mactra.** Dumortier, sp. — Individu de grandeur naturelle dont le test est conservé. Le bord de l'ouverture montre la languette latérale.

Lias supérieur. Gundershoffen (Bas-Rhin).

Fig. 3. — **Ludwigia mactra.** Dumortier, sp. — Autre individu dont le test est en grande partie conservé.

Lias supérieur. Gundershoffen (Bas-Rhin).

Fig. 4. — **Ludwigia exarata.** Young et Bird, sp. — Jeune individu de grandeur naturelle, dont le test est presque intact. Sur le dernier tour, en un point où le test est enlevé, on distingue une portion du bord de trois cloisons.

Lias supérieur. La Verpillière (Isère).

Fig. 5. — **Ludwigia opalina.** Reinecke, sp. — Jeune individu, remarquable par la régularité des côtes dont le test est orné.

Lias supérieur. Gundershoffen (Bas-Rhin).

Fig. 6. — **Ludwigia opalina.** Reinecke, sp. — Autre individu dont le test porte des côtes plus fines et plus serrées que celui du précédent.

Lias supérieur. Gundershoffen (Bas-Rhin).

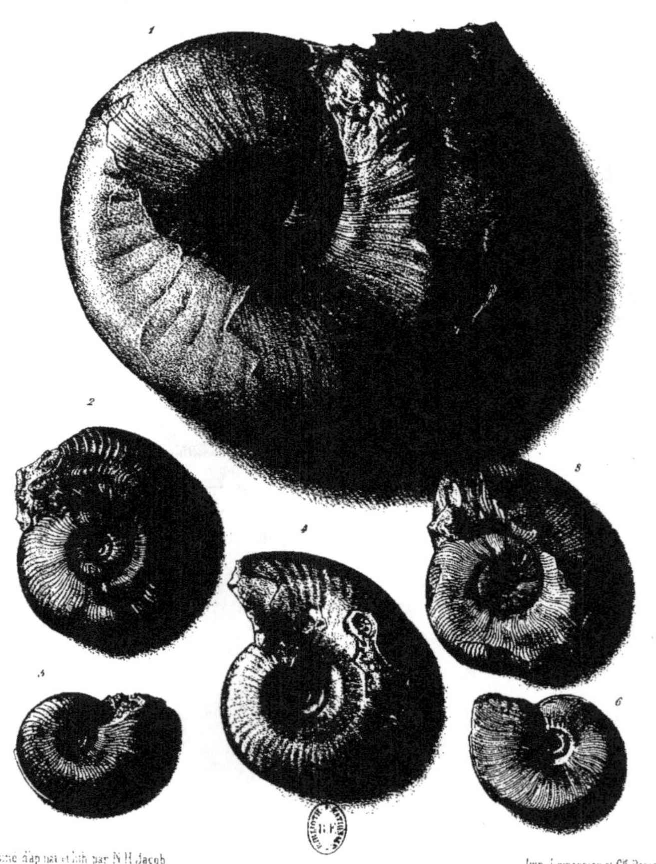

Dessiné d'ap. nat. et lith. par N. H. Jacob

Imp. Lemercier et Cⁱᵉ Paris

PLANCHE LXXXI.

PLANCHE LXXXI.

EXPLICATION DES FIGURES.

Fig. 1. — **Hammatoceras insigne.** Schubler, sp. — Individu vu de côté, dont le test n'est pas conservé, mais le moule montre la carène ventrale et les tubercules situés près de l'ombilic d'où partent des faisceaux de grosses côtes infléchies en avant.

Lias supérieur. Saint-Julien-de-Cray (Saône-et-Loire).

Fig. 2. — **Hammatoceras insigne.** Schubler, sp. — Autre individu, de forme un peu plus renflée que le précédent, vu de côté.

Lias supérieur. Saint-Julien de-Cray (Saône-et-Loire).

Fig. 3. — Le même, vu du côté ventral, pour montrer la forme triangulaire de l'ouverture et la saillie de la carène ventrale.

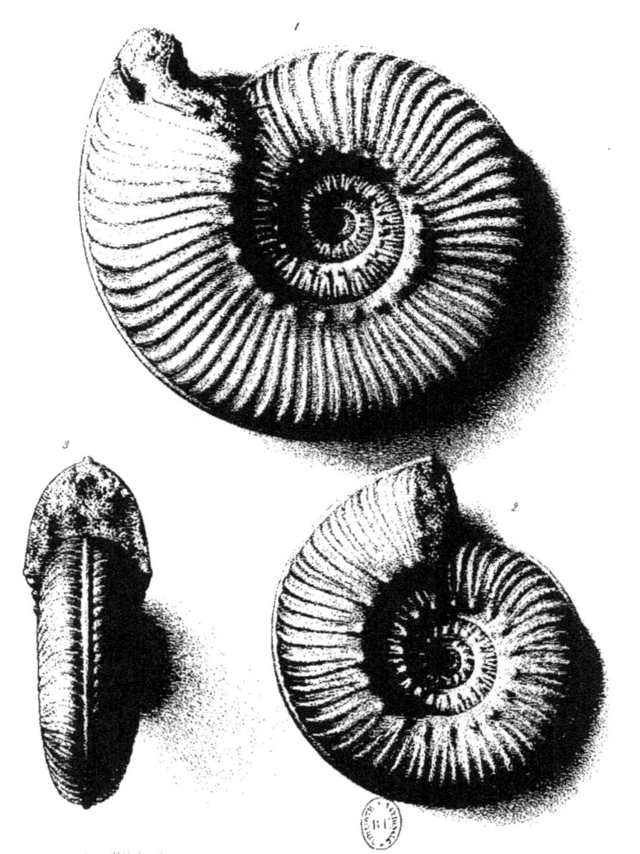

PLANCHE LXXXII.

PLANCHE LXXXII.

EXPLICATION DES FIGURES.

FIG. 1. — **Lillia Lilli.** V. HAUER, sp. — Individu de grandeur naturelle, dont le test est conservé, vu de côté.

Lias supérieur. La Verpillière (Isère).

FIG. 2. — **Hammatoceras Ogerieni.** DUMORTIER, sp. — Individu de grandeur naturelle, de la plus grande taille connue, vu de côté. On remarque la saillie de la carène ventrale dans cette espèce.

Lias supérieur. La Verpillière (Isère).

FIG. 3. — **Hammatoceras subinsigne.** OPPEL, sp. — Jeune individu de forme aplatie et largement ombiliqué, vu de côté. Le test est intact, et l'on voit l'extension latérale de l'ouverture.

Lias supérieur. La Verpillière (Isère).

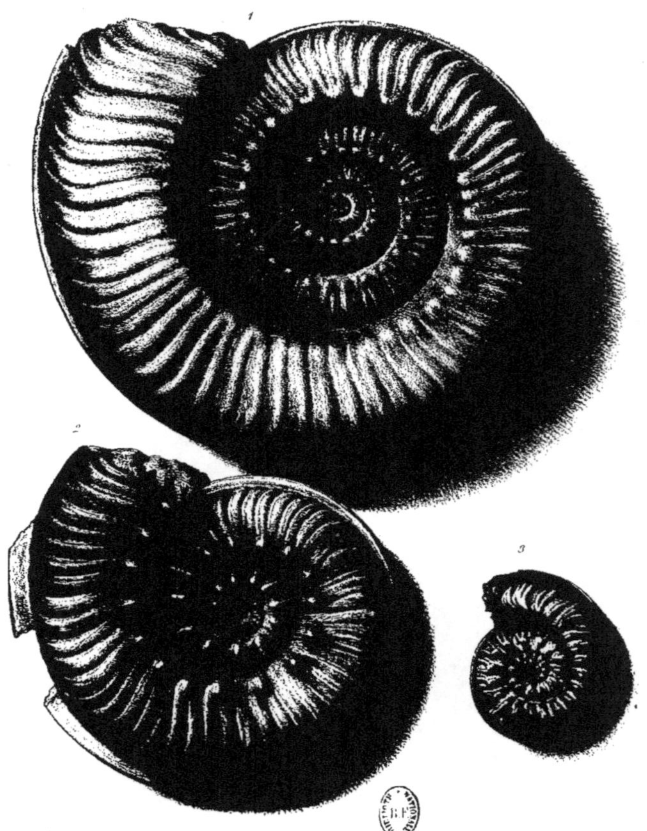

PLANCHE LXXXIII.

PLANCHE LXXXIII.

EXPLICATION DES FIGURES.

FIG. 1. — **Ludwigia Sinon.** BAYLE. — Individu de grandeur naturelle, privé de sa dernière loge et de son test. On voit le bord des cloisons, dont les selles et les lobes sont très-peu découpés.

    Lias supérieur. Wasseralfingen (Wurtemberg).

FIG. 2. — **Ludwigia Sinon.** BAYLE. — Moule d'un autre individu dont les côtes sont plus espacées que dans le précédent.

    Lias supérieur. Wasseralfingen (Wurtemberg).

FIG. 3. — Le même, vu du côté ventral pour montrer la forme tranchante de la région ventrale. L'ouverture présente la surface d'une cloison.

FIG. 4. — **Ludwigia Sinon.** BAYLE. — Autre individu, chez lequel une portion de la dernière loge est conservée. On distingue le bord de quatre cloisons.

    Lias supérieur. Wasseralfingen (Wurtemberg).

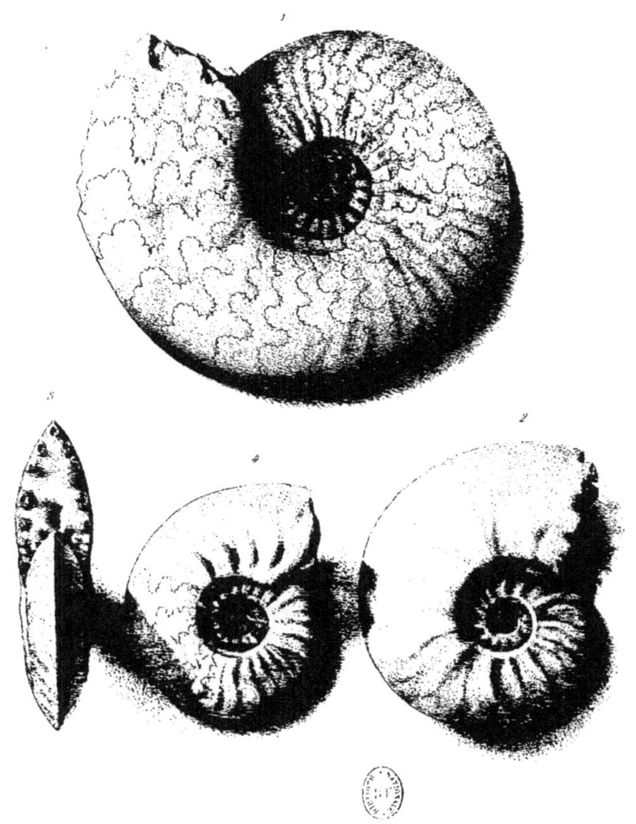

PLANCHE LXXXIV.

PLANCHE LXXXIV.

EXPLICATION DES FIGURES.

Fig. 1. — **Waagenia propinquans.** Bayle. — Individu de grandeur naturelle, privé de son test et n'ayant conservé qu'une portion de la carène ventrale. Les premiers tours, près de l'ombilic, portent de grosses nodosités d'où partent des faisceaux de côtes flexueuses. Sur le dernier tour les nodosités disparaissent et les côtes elles-mêmes finissent par s'effacer.

Oolithe inférieure. Les Moutiers, près de Caen (Calvados).

Fig. 2. — **Waagenia propinquans.** Bayle. — Autre individu, chez lequel les nodosités sont plus éloignées de l'ombilic et les côtes plus accusées que dans le précédent.

Oolithe inférieure. Les Moutiers, près de Caen (Calvados).

Fig. 3. — **Waagenia propinquans.** Bayle. — Autre individu, chez lequel les nodosités des premiers tours sont très-développées. Le test n'est pas conservé.

Oolithe inférieure. Les Moutiers, près de Caen (Calvados).

Fig. 4. — Le même, vu du côté ventral pour montrer la carène. On aperçoit à l'ouverture une portion de la surface d'une cloison.

Fig. 5. — **Waagenia propinquans.** Bayle. — Jeune individu, vu du côté ventral pour faire voir la forme renflée que présente l'espèce à cet âge.

Oolithe inférieure. Les Moutiers, près de Caen (Calvados).

Fig. 6. — Le même, vu de côté. A cet âge les nodosités sont très-régulièrement disposées sur le milieu des flancs.

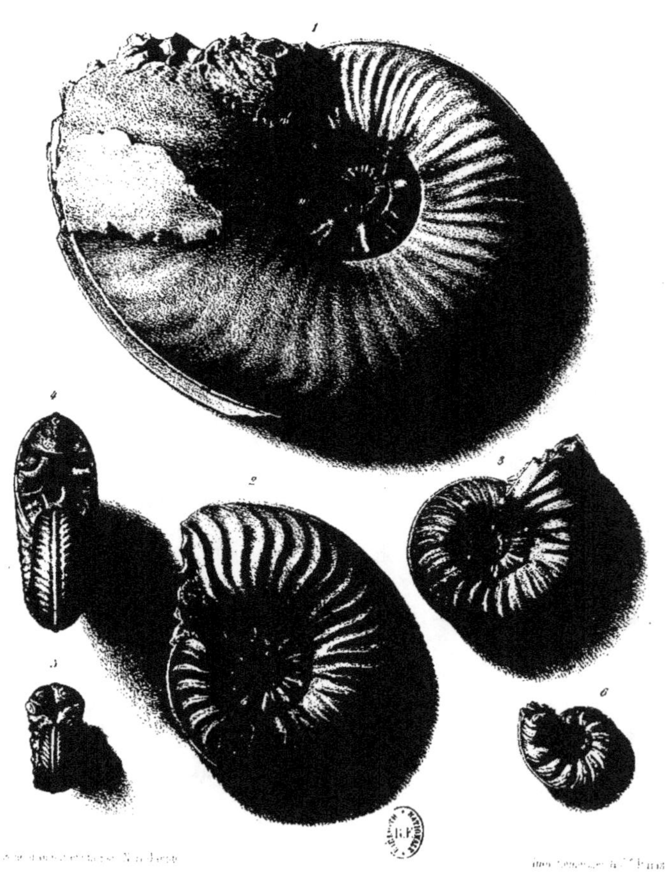

PLANCHE LXXXV.

PLANCHE LXXXV.

EXPLICATION DES FIGURES.

Fɪɢ. 1. — **Ludwigia Murchisonæ**. Sᴏᴡᴇʀʙʏ, sp. — Individu adulte ayant conservé la plus grande partie de son test. On voit que les côtes flexueuses dont le test est orné s'atténuent vers la fin du dernier tour. Dans les deux points où le test manque, on remarque le bord de quatre cloisons.

Lias supérieur. Éterville (Calvados).

Fɪɢ. 2. — **Ludwigia Murchisonæ**. Sᴏᴡᴇʀʙʏ, sp. — Autre individu, dont le test porte des côtes plus larges que le précédent.

Lias supérieur. Éterville (Calvados).

Fɪɢ. 3. — Le même, vu de trois quarts. On remarque la forme aplatie de la région ventrale et la carène qu'elle porte en son milieu.

Fɪɢ. 4. — **Ludwigia Murchisonæ**. Sᴏᴡᴇʀʙʏ, sp. — Jeune individu, vu de côté.

Lias supérieur. Éterville (Calvados).

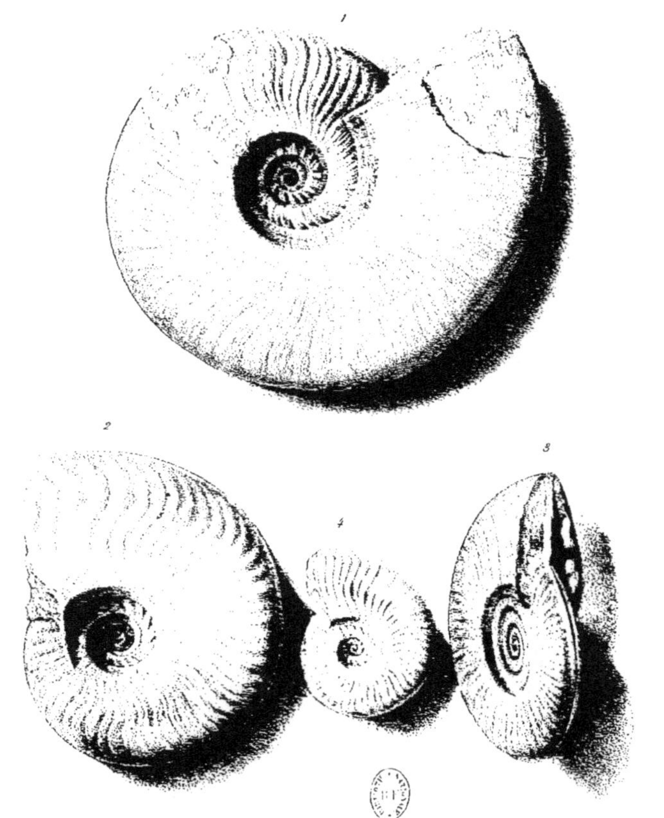

PLANCHE LXXXVI.

PLANCHE LXXXVI.

EXPLICATION DES FIGURES.

Fɪɢ. 1. — **Hildoceras bifrons**. Bʀᴜɢᴜɪᴇʀᴇ, sp. — Individu de taille moyenne, ayant conservé quelques fragments de son test, vu de côté et montrant le bord de quatre cloisons. *Lias supérieur*. Curcy (Calvados).

Fɪɢ. 2. — Le même, vu de trois quarts, pour montrer la carène ventrale et e méplat qui l'accompagne de chaque côté.

Fɪɢ. 3. — **Hildoceras bifrons**. Bʀᴜɢᴜɪᴇʀᴇ, sp. — Jeune individu, dont le test est entièrement conservé. L'ouverture entière montre la languette ventrale et celle qui, de chaque côté, correspond au sillon situé sur le milieu des tours. *Lias supérieur*. Fontaine-Étoupefour (Calvados).

Fɪɢ. 4. — **Hildoceras bifrons**. Bʀᴜɢᴜɪᴇʀᴇ, sp. — Jeune individu, de forme plus renflée que celle des précédents. Le test, très-mince, est presque entièrement conservé. *Lias supérieur*. La Verpillière (Isère).

Fɪɢ. 5. — **Hildoceras bifrons**. Bʀᴜɢᴜɪᴇʀᴇ, sp. — Moule d'un individu de forme aplatie, montrant le bord de quatre cloisons. *Lias supérieur*. Curcy (Calvados).

PLANCHE LXXXVII.

PLANCHE LXXXVII.

EXPLICATION DES FIGURES.

Fig. 1. — **Lioceras subplanatum.** Oppel, sp. — Magnifique exemplaire de taille moyenne. Le test, entièrement intact, montre les côtes flexueuses passant sur la carène, qui lui servent d'ornement.

 Lias supérieur. La Verpillière (Isère).

Fig. 2. — **Lioceras serpentinum.** Reinecke, sp. — Individu de taille moyenne, réduit d'un tiers. Son test est bien conservé, il présente les côtes régulièrement flexueuses dont il est orné.

 Lias supérieur. Fontaine-Étoupefour (Calvados).

Fig. 3. — Le même, disposé pour montrer la carène ventrale et le méplat qui l'accompagne de chaque côté.

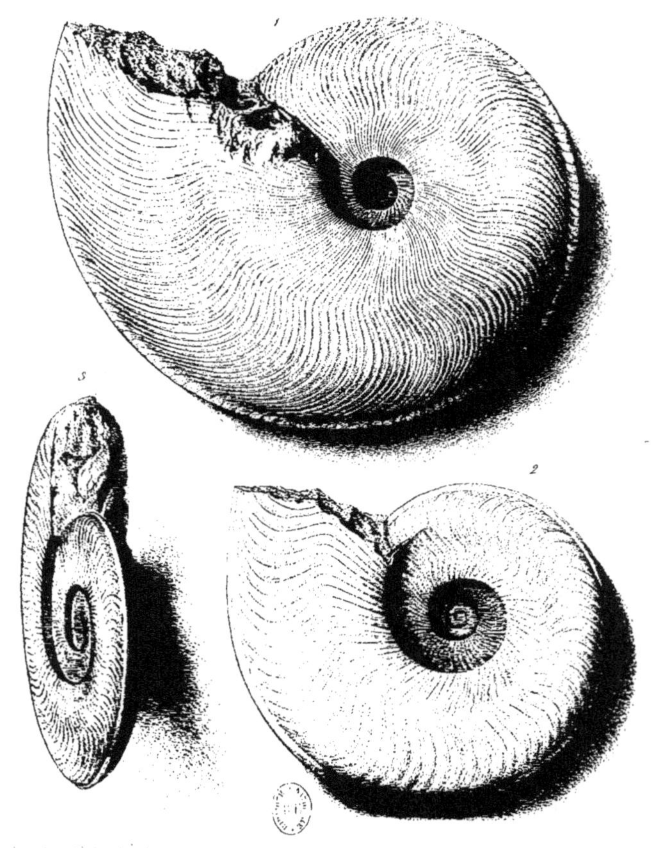

PLANCHE LXXXVIII.

PLANCHE LXXXVIII.

Fɪɢ. 1. — **Lioceras lythense.** Yᴏᴜɴɢ et Bɪʀᴅ, sp. — Individu de grandeur naturelle, dont les premiers tours sont masqués par la gangue; une partie de la carène ventrale est enlevée.

Lias supérieur. Withby (Yorkshire).

Fɪɢ. 2. — **Lioceras discoides.** Zɪᴇᴛᴇɴ, sp. — Individu de grande taille, vu de côté. L'ombilic est entièrement visible.

Lias supérieur. Lodève (Hérault).

Fɪɢ. 3. — **Lioceras subplanatum.** Oᴘᴘᴇʟ, sp. — Jeune individu de grandeur naturelle, ayant conservé une partie de sa carène ventrale.

Lias supérieur. Mende (Lozère).

Fɪɢ. 4. — **Lioceras subplanatum.** Oᴘᴘᴇʟ, sp. — Autre individu plus jeune et moins ombiliqué que le précédent. La carène ventrale et la dernière loge ne sont pas conservées.

Lias supérieur. Mende (Lozère).

Fɪɢ. 5. — **Lioceras discoides.** Zɪᴇᴛᴇɴ, sp. — Jeune individu privé de sa dernière loge, vu de côté.

Lias supérieur. Lodève (Hérault).

Fɪɢ. 6. — **Lioceras subplanatum.** Oᴘᴘᴇʟ, sp. — Moule d'un jeune individu privé de sa dernière loge.

Lias supérieur. Mende (Lozère).

Fɪɢ. 7. — **Lioceras serpentinum.** Rᴇɪɴᴇᴄᴋᴇ, sp. — Jeune individu, de grandeur naturelle, dont la carène ventrale est en partie brisée. On remarque que les trois premiers tours sont ornés de côtes beaucoup plus espacées que le dernier.

Lias supérieur. Fontaine-Étoupefour (Calvados).

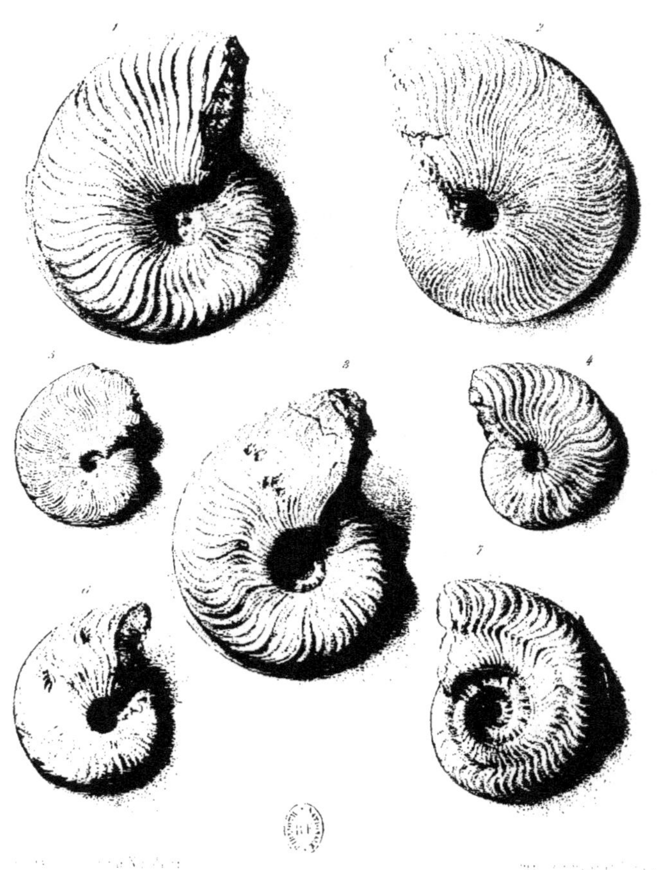

PLANCHE LXXXIX.

PLANCHE LXXXIX.

EXPLICATION DES FIGURES.

Fɪɢ. 1. — **Oppelia Truellei.** D'Oʀʙɪɢɴʏ, sp. — Individu adulte vu de côté. dont le test est remarquablement conservé. La carène ventrale est brisée en trois endroits.

Oolithe inférieure ferrugineuse. Saint-Vigor (Calvados).

Fɪɢ. 2. — **Oppelia Truellei.** D'Oʀʙɪɢɴʏ, sp. — Individu de taille moyenne, de forme aplatie, ayant conservé la plus grande partie de son test, mais dont la carène est brisée entièrement.

Oolithe inférieure ferrugineuse. Saint-Vigor (Calvados).

Fɪɢ. 3. — **Oppelia Truellei.** D'Oʀʙɪɢɴʏ, sp. — Individu de taille moyenne, de forme renflée et dont les ornements sont beaucoup plus accusés que dans es précédents; Presque toute la carène ventrale est bien conservée.

Oolithe inférieure ferrugineuse. Saint-Vigor (Calvados).

Fɪɢ. 4. — **Oppelia Truellei.** D'Oʀʙɪɢɴʏ. — Jeune individu de la forme renflée, vu de côté, montrant une partie de la carène.

Oolithe inférieure ferrugineuse. Saint-Vigor (Calvados).

Fɪɢ. 5. — **Oppelia Truellei.** D'Oʀʙɪɢɴʏ, sp. — Jeune individu de la forme aplatie, vu de côté.

Oolithe inférieure ferrugineuse. Saint-Vigor (Calvados).

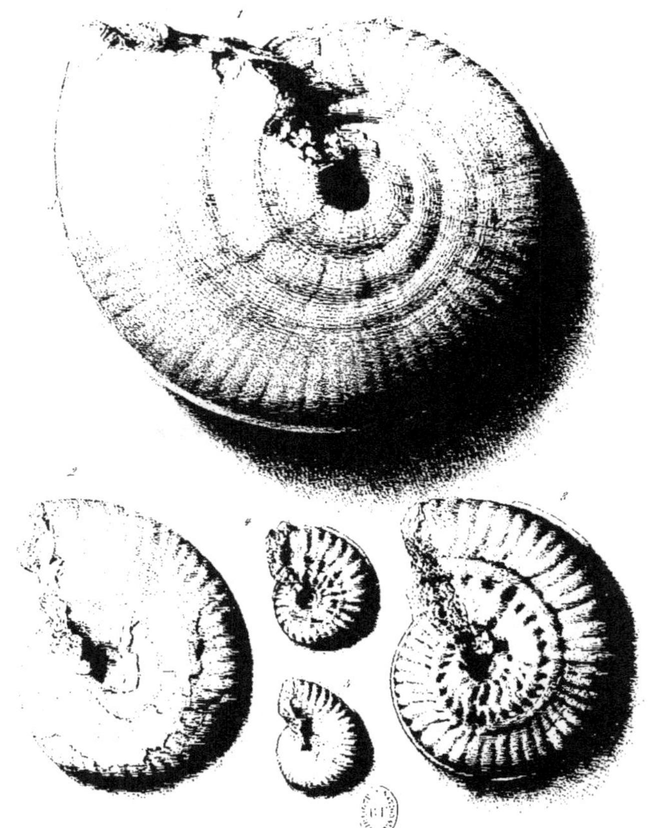

PLANCHE XC.

PLANCHE XC.

EXPLICATION DES FIGURES.

Fig. 1. — **Oppelia subradiata.** Sowerby, sp. — Individu dont on a enlevé une portion du dernier tour, pour montrer que l'ombilic se ferme quand la coquille se développe. Une portion du test étant détruite, on aperçoit le bord de quatre cloisons.

Oolithe inférieure ferrugineuse. Saint-Vigor, près de Bayeux (Calvados).

Fig. 2. — **Oppelia subradiata.** Sowerby, sp. — Individu de taille moyenne, dont le test bien conservé montre les côtes flexueuses, qui s'arrêtent à la carène ventrale.

Oolithe inférieure ferrugineuse. Saint-Vigor (Calvados).

Fig. 3. — **Oppelia subradiata.** Sowerby, sp. — Individu plus jeune que le précédent et dont le test porte des côtes flexueuses plus fines.

Oolithe inférieure ferrugineuse. Saint-Vigor (Calvados).

Fig. 4. — **Oppelia subradiata.** Sowerby, sp. — Très-jeune individu, montrant les côtes flexueuses sur le bord ventral seulement et une large surface lisse près de l'ombilic.

Oolithe inférieure ferrugineuse. Saint-Vigor (Calvados).

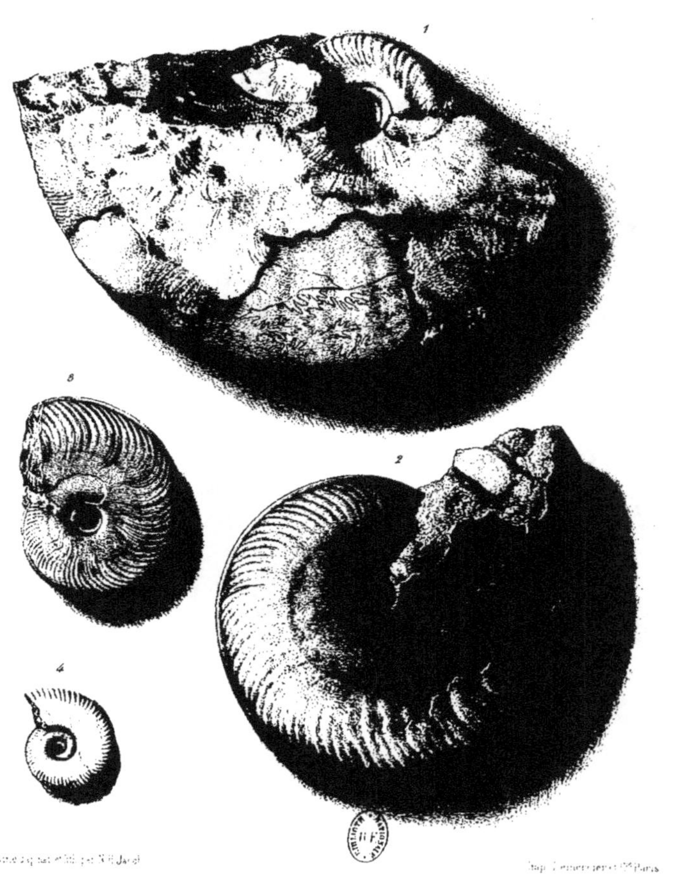

PLANCHE XCI.

PLANCHE XCI.

EXPLICATION DE LA FIGURE.

Fɪɢ. 1. — **Schloenbachia rostrata.** Sowᴇʀʙʏ, sp. — Magnifique exemplaire, d'assez grande taille, dont le test est transformé en calcédoine. Il montre la carène véntrale brisée en deux endroits. On voit que les tubercules ombilicaux, très-saillants sur les premiers tours, s'atténuent sur le dernier.

Craie glauconieuse inférieure (gaize). Cap de La Hève (Seine-Inférieure).

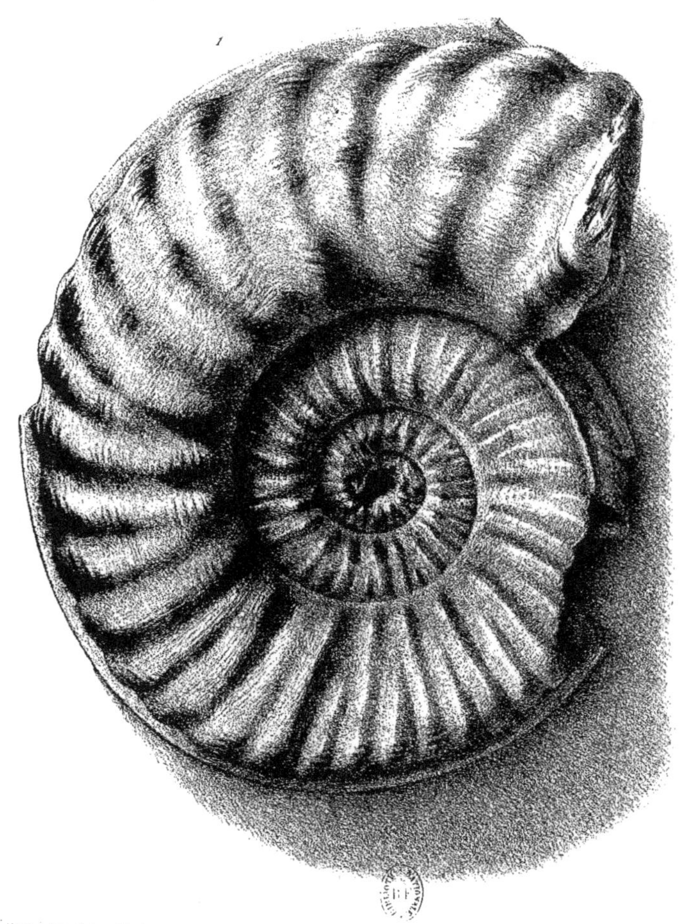

PLANCHE XCII.

PLANCHE XCII.

EXPLICATION DES FIGURES.

Fig. 1. — **Neumayria trachynota.** Oppel, sp. — Individu de grandeur naturelle, vu de côté. L'ombilic, assez étroit, est masqué par la gangue. On remarque que les tubercules de la rangée externe deviennent de plus en plus larges et espacés, à mesure qu'ils se rapprochent de l'ouverture.

Kimmeridien inférieur (zone à tenuilobatus). Balingen (Wurtemberg).

Fig. 2. — Le même, vu de trois quarts, pour montrer la série ventrale de tubercules.

Fig. 3. — **Neumayria Hauffiana.** Oppel, sp. — Individu de grandeur naturelle, vu de côté. Les côtes et les tubercules externes se montrent sur tout le dernier tour.

Corallien (zone à bimammatum). Balingen (Wurtemberg).

Fig. 4. — **Neumayria Hauffiana.** Oppel, sp. — Autre individu plus jeune que le précédent, chez lequel les tubercules externes sont très-accusés.

Corallien (zone à bimammatum). Balingen (Wurtemberg).

Fig. 5. — Le même, vu du côté ventral. On remarque que les tubercules de la rangée moyenne sont moins saillants que les tubercules latéraux.

PLANCHE XCIII.

PLANCHE XCIII.

EXPLICATION DES FIGURES.

FıG. 1. — **Amaltheus margaritatus.** Montfort. — Individu de taille moyenne. Le test, bien conservé, montre les lignes très-fines dirigées dans le sens de l'enroulement, qui se croisent avec les lignes d'accroissement également visibles.

Lias moyen. Curcy (Calvados).

FıG. 2. — **Amaltheus margaritatus.** Montfort. — Jeune individu, remarquable par les pointes que les premiers tours de spire présentent vers leur milieu.

Lias moyen. Boll (Wurtemberg).

FıG. 3. — **Amaltheus margaritatus.** Montfort. — Individu plus jeune que le précédent, dont les deux premiers tours seulement portent de grosses côtes.

Lias moyen. Mende (Lozère).

FıG. 4. — **Amaltheus margaritatus.** Montfort. — Jeune individu, offrant le même mode d'ornementation que l'individu représenté par la figure 2.

Lias moyen. Boll (Wurtemberg).

FıG. 5. — **Amaltheus margaritatus.** Montfort. — Jeune individu dont les côtes tuberculeuses, visibles dans les trois premiers tours, s'effacent graduellement sur le quatrième, sur lequel on ne distingue plus que les lignes d'accroissement, et dans la partie ventrale celles qui se dirigent dans le sens de l'enroulement.

Lias moyen. Boll (Wurtemberg).

FıG. 6. — **Amaltheus margaritatus.** Montfort. — Jeune individu légèrement aplati, montrant de grosses côtes comme l'individu représenté par la figure 4, mais sans tubercules.

Lias moyen. Boll (Wurtemberg).

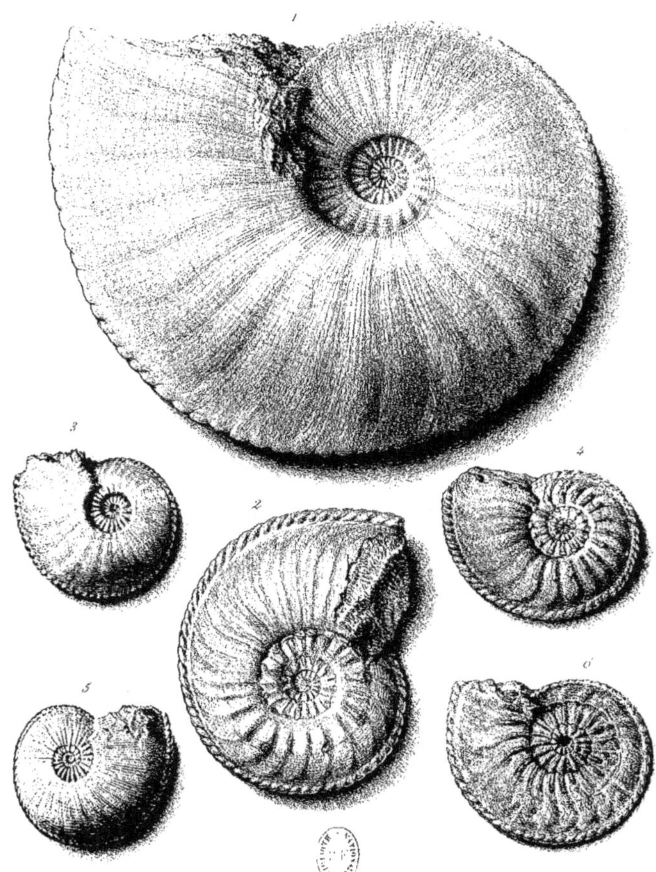

PLANCHE XCIV.

PLANCHE XCIV.

EXPLICATION DES FIGURES.

FIG. 1. — **Amaltheus spinatus**. BRUGUIÈRE, sp. — Individu adulte privé de son test, montrant le
grand développement que prennent sur le dernier tour les tubercules qui terminent
les côtes.

Lias moyen. Croisilles (Calvados).

FIG. 2. — **Amaltheus spinatus**. BRUGUIÈRE, sp. — Jeune individu, dont les côtes se terminent
par deux tubercules inégaux.

Lias moyen. Curcy (Calvados).

FIG. 3. — **Amaltheus spinatus**. BRUGUIÈRE, sp. — Jeune individu, remarquable par la grosseur
des tubercules dont les côtes sont ornées.

Lias moyen. Banz (Franconie).

FIG. 4. — **Amaltheus spinatus**. BRUGUIÈRE, sp. — Jeune individu, dont les côtes sont dépourvues
des tubercules qui s'observent dans les autres exemplaires figurés.

Lias moyen. Curcy (Calvados).

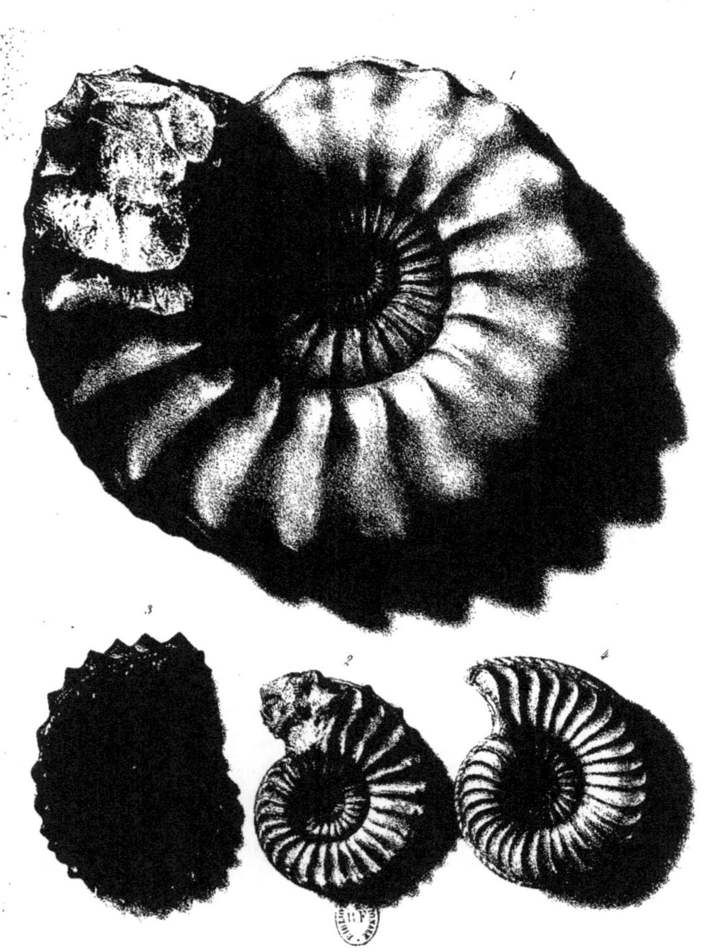

PLANCHE XCV.

PLANCHE XCV.

EXPLICATION DES FIGURES.

Fig. 1. — **Amaltheus cordatus.** Sowerby, sp. — Individu de grandeur naturelle, vu du côté ventral, pour montrer la forme triangulaire de l'ouverture et la carène ventrale crénelée.

Oxfordclay. Villers (Calvados).

Fig. 2. — Le même, vu de côté. Le dernier tour a déjà perdu presque tous ses ornements.

Fig. 3. — **Amaltheus cordatus.** Sowerby, sp. — Jeune individu de forme renflée.

Oxfordclay. Neuvizy (Ardennes).

Fig. 4. — **Amaltheus cordatus.** Sowerby, sp. — Jeune individu, du même type que l'individu représenté par les figures 1 et 2.

Oxfordclay. Neuvizy (Ardennes).

Fig. 5. — **Amaltheus cordatus.** Sowerby, sp. — Jeune individu un peu plus ombiliqué que les précédents et dont les côtes sont moins flexueuses et les tubercules plus saillants.

Oxfordclay. Neuvizy (Ardennes).

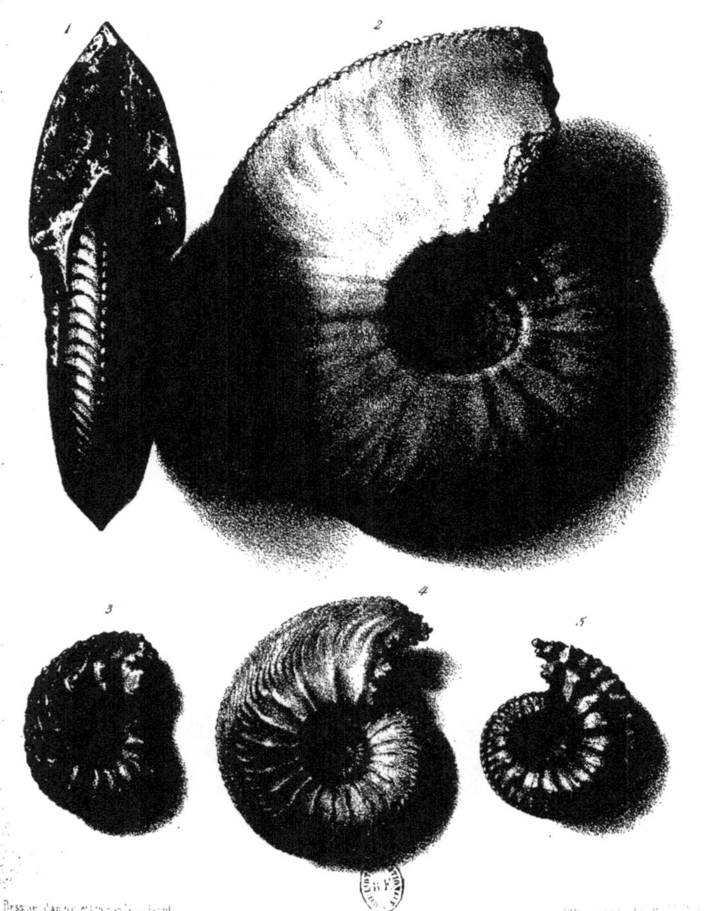
1
2
3
4
5

PLANCHE XCVI.

PLANCHE XCVI.

EXPLICATION DES FIGURES.

Fig. 1. — **Amaltheus Lamberti.** Sowerby, sp. — Individu de taille moyenne, dont le dernier tour est entièrement dépourvu des côtes qui recouvrent les tours précédents.
Oxfordclay. Dives (Calvados).

Fig. 2. — **Amaltheus Lamberti.** Sowerby, sp. — Individu vu du côté ventral, pour montrer la section de l'ouverture et la disposition des côtes sur la courbure externe.
Oxfordclay. Dives (Calvados).

Fig. 3. — **Amaltheus Lamberti.** Sowerby, sp. — Individu montrant la distribution irrégulière des grosses côtes qui partent de l'ombilic.
Oxfordclay. Dives (Calvados).

Fig. 4. — **Amaltheus Lamberti.** Sowerby, sp. — Autre individu, dont le test est orné de côtes beaucoup plus régulièrement espacées que dans le précéden..
Oxfordclay. Dives (Calvados).

Fig. 5. — **Amaltheus Lamberti.** Sowerby, sp. — Jeune individu à côtes irrégulièrement distantes, plus ombiliqué que les précédents.
Oxfordclay. Dives (Calvados).

Fig. 6. — **Amaltheus Lamberti.** Sowerby, sp. — Jeune individu, dont le test est orné de côtes régulières et très-fines.
Oxfordclay. Dives (Calvados).

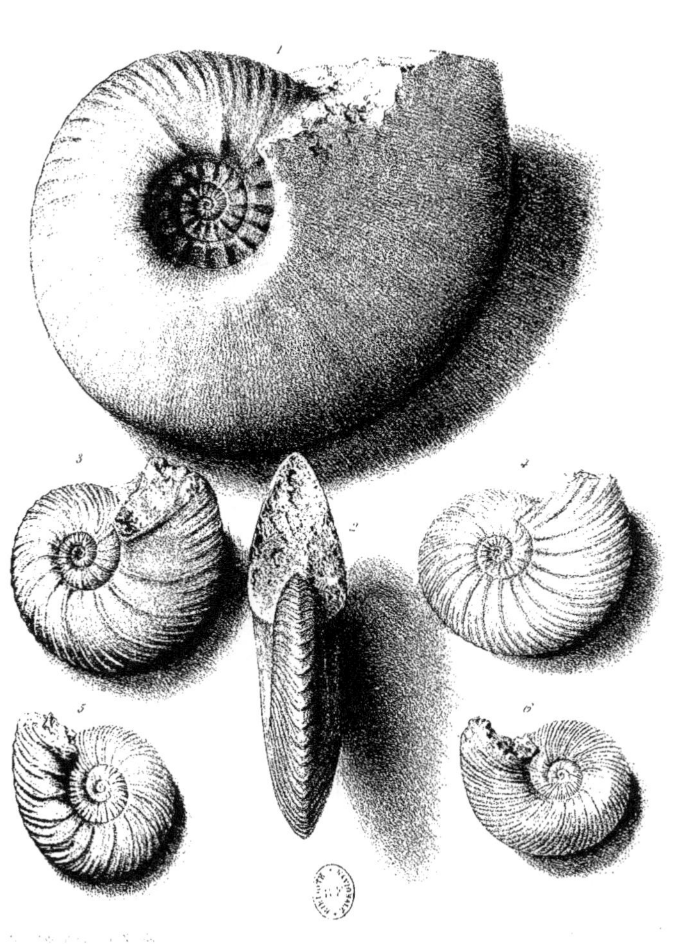

PLANCHE XCVII.

PLANCHE XCVII.

EXPLICATION DE LA FIGURE.

F_{IG}. 1. — **Crioceras Duvali**. L_{ÉVEILLÉ}. — Moule d'un individu adulte, réduit d'un quart. La pointe
de la spire est brisée. Les tours sont ornés de gros bourrelets assez régulièrement
distants. Vers l'ouverture les bourrelets sont bien plus rapprochés.

Néocomien. Castellane (Basses-Alpes).

PLANCHE XCVIII.

PLANCHE XCVIII.

EXPLICATION DES FIGURES.

FIG. 1. — **Macroscaphites Yvani.** PUZOS, sp. — Individu de taille moyenne, dont l'ouverture n'est pas conservée.

Néocomien. Barrême (Basses-Alpes).

FIG. 2. — **Macroscaphites Yvani.** PUZOS, sp. — Autre individu de plus grande taille, dont la portion de la crosse voisine de l'ouverture montre des côtes irrégulières qui tendent à s'effacer. Le bord de l'ouverture n'est pas conservé.

Néocomien. Barrême (Basses-Alpes).

FIG. 3. — **Macroscaphites Yvani.** PUZOS, sp. — Individu privé de sa crosse, remarquable par la régularité des côtes dont il est orné.

Néocomien. Barrême (Basses-Alpes).

FIG. 4. — **Macroscaphites Yvani.** PUZOS, sp. — Autre individu légèrement aplati, montrant quelques bourrelets irréguliers plus saillants que les côtes.

Néocomien. Barrême (Basses-Alpes).

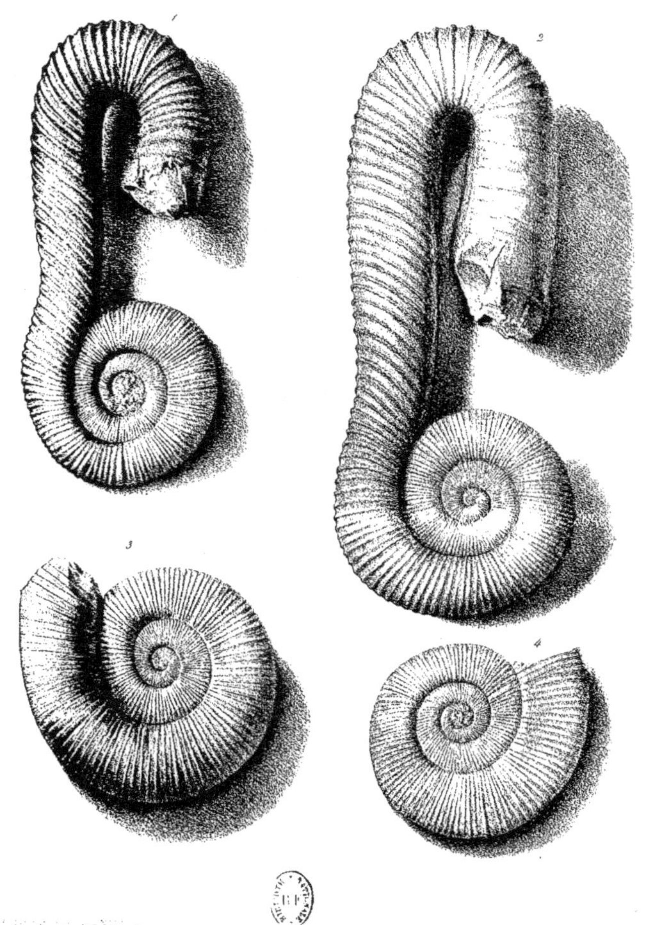

EXPLICATION DES FIGURES.

Fig. 1. — **Turrilites Puzosi.** D'Orbigny. — Moule d'un individu de grande taille, dont les trois derniers tours sont conservés. On remarque le capuchon qui limite l'ouverture du côté ventral.

Craie inférieure (gaize). La Fauge (Isère).

Fig. 2. — Le même, vu de côté, montrant la forme et le contour de l'ouverture.

Fig. 3. — **Turrilites tuberculatus.** Bosc. — Portion d'un individu dépouillé de son test, montrant les quatre rangées de tubercules inégalement distantes.

Craie inférieure (gaize). Montblainville (Meuse).

Fig. 4. — **Turrilites quadrituberculatus.** Bayle. — Moule d'un individu présentant quatre rangées de tubercules plus égaux et plus régulièrement distribués que dans l'espèce précédente.

Craie inférieure (gaize). Montblainville (Meuse).

Fig. 5. — **Turrilites costatus.** Lamarck. — Portion d'un jeune individu dont le test n'est pas conservé.

Craie inférieure. Colline de Sainte-Catherine, près de Rouen (Seine-Inférieure).

PLANCHE C.

PLANCHE C.

EXPLICATION DES FIGURES.

Fig. 1. — **Euomphalus tabulatus.** Phillips. — Magnifique exemplaire, vu du côté de l'ombilic.
Argile carbonifère. Tournay (Belgique).

Fig. 2. — Le même, vu du côté de la spire.

Fig. 3. — Le même, disposé pour montrer la forme de l'ouverture.

Fig. 4. — **Euomphalus pentangulatus.** Sowerby. — Individu de taille moyenne, vu du côté de l'ombilic.
Calcaire carbonifère. Kildare (Irlande).

Fig. 5. — Le même, vu du côté de la spire.

Fig. 6. — Le même, placé pour faire voir la forme pentagonale de l'ouverture.

Fig. 7. — **Straparollus Dionysi.** Denys de Montfort. — Individu vu du côté de l'ombilic.
Calcaire carbonifère. Visé (Belgique).

Fig. 8. — Le même, vu du côté de la spire.

Fig. 9. — Le même, présentant la forme arrondie de l'ouverture.

SECONDE PARTIE

VÉGÉTAUX FOSSILES DU TERRAIN HOUILLER

PAR R. ZEILLER

INGÉNIEUR AU CORPS NATIONAL DES MINES

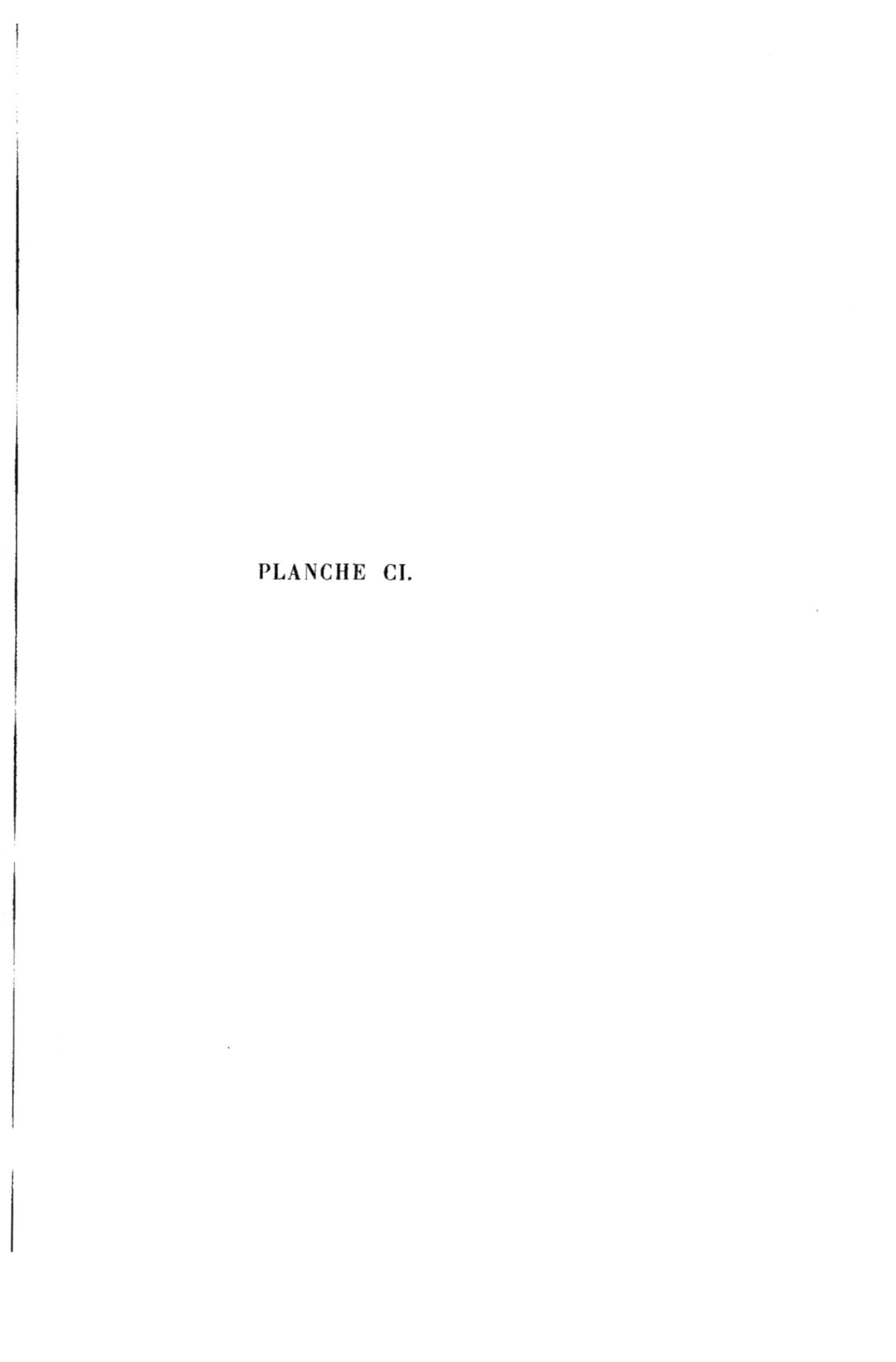

PLANCHE CI.

PLANCHE CI.

EXPLICATION DES FIGURES.

F_IG. 1. — **Pleurotomaria armata.** V. MÜNSTER. — Exemplaire adulte, montrant la spire dcnt les
premiers tours sont couverts de tubercules qui s'effacent sur le dernier. L'ouverture
laisse voir la large fente caractéristique des pleurotomaires, et qui laisse derrière elle
une bande placée au milieu des tours de spire.

Oolithe inférieure ferrugineuse. Saint-Vigor, près de Bayeux (Calvados).

F_IG. 2. — Le même, vu par la base du dernier tour et montrant son étroit ombilic.

PLANCHE CII.

PLANCHE CII.

EXPLICATION DES FIGURES.

Fig. 1. — **Bellerophon costatus.** Sowerby. — Individu de grande taille, vu du côté de la carène correspondant à la fente de l'ouverture.
Calcaire carbonifère. Visé (Belgique).

Fig. 2. — Le même, vu du côté de l'ouverture, montrant l'épaississement formé par le dépôt nacré sur le bord columellaire. La partie antérieure de l'ouverture est brisée. Cet exemplaire a été décrit et figuré par M. de Koninck, dans son ouvrage intitulé : *Description des animaux fossiles du terrain carbonifère de Belgique*, p. 343, pl. XXVI, fig. 2, 1842-1844. Cet individu fait partie de la collection donnée à l'École des mines, en 1846, par M. de Koninck.

Fig. 3. — **Bellerophon costatus.** Sowerby. — Jeune individu, vu du côté de la carène, montrant les lamelles infléchies qui ornementent son test.
Calcaire carbonifère. Visé (Belgique).

Fig. 4. — **Bellerophon bicarenus.** Leveillé. — Individu adulte, vu du côté dorsal. On voit la carène saillante qui borde de chaque côté la fente de l'ouverture.
Argile carbonifère. Tournay (Belgique).

Fig. 5. — Le même, vu du côté de l'ouverture.

Fig. 6. — Le même, vu de côté.

Fig. 7. — **Bellerophon hiulcus.** Sowerby. — Individu adulte représenté du côté de l'ouverture.
Argile carbonifère. Tournay (Belgique).

Fig. 8. — Le même, vu du côté dorsal et montrant la longueur de la fente.

Fig. 9. — Le même, vu de côté.

Fig. 10.— **Bellerophon tangentialis.** Phillips. — Individu adulte, vu du côté dorsal, montrant la fente et la carène saillante qui en forme le prolongement.
Argile carbonifère. Tournay (Belgique).

Fig. 11.— Le même, vu du côté de l'ouverture.

Fig. 12. — Le même, vu de côté et montrant son large ombilic.

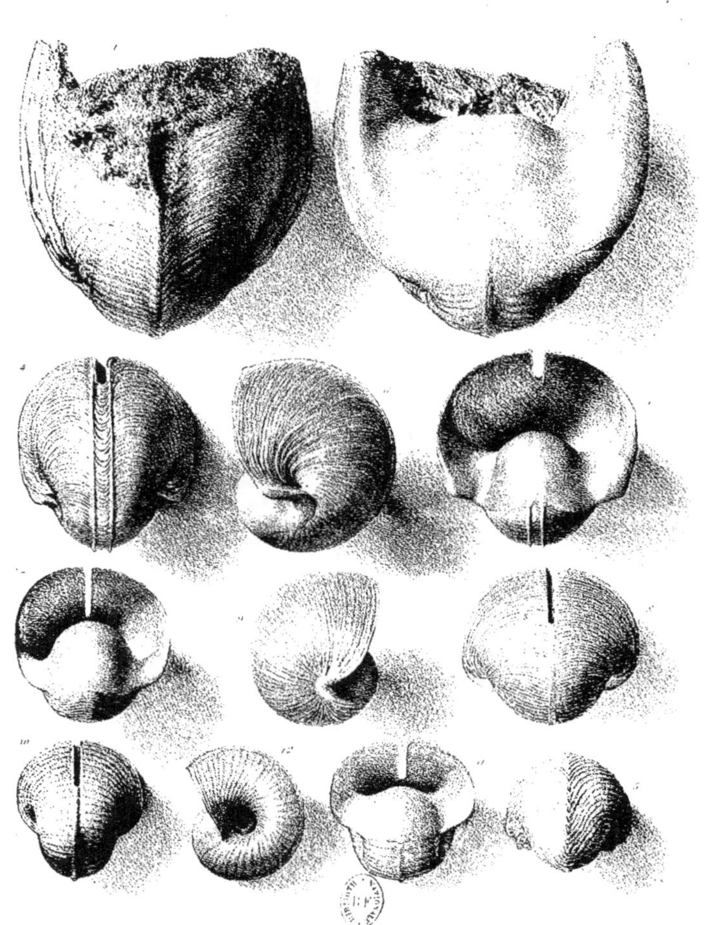

PLANCHE CIII.

PLANCHE CIII.

EXPLICATION DES FIGURES.

Fig. 1. — **Hippopodium Guibali.** Bayle. — Individu adulte, vu du côté cardinal ou dorsal. On distingue les nymphes sur lesquelles s'insère le ligament.

Lias moyen. Bosserville, près de Nancy (Meurthe).

Fig. 2. — Le même, vu du côté ventral.

Fig. 3. — Valve gauche du même individu, vue par sa face externe.

Fig. 4. — **Hippopodium ponderosum.** Sowerby. — Intérieur de la valve gauche d'un individu adulte, montrant les deux impressions musculaires, dont celle du muscle antérieur est petite et profonde, l'impression palléale et la région cardinale dépourvue de dents.

Lias moyen. Cheltenham (Angleterre).

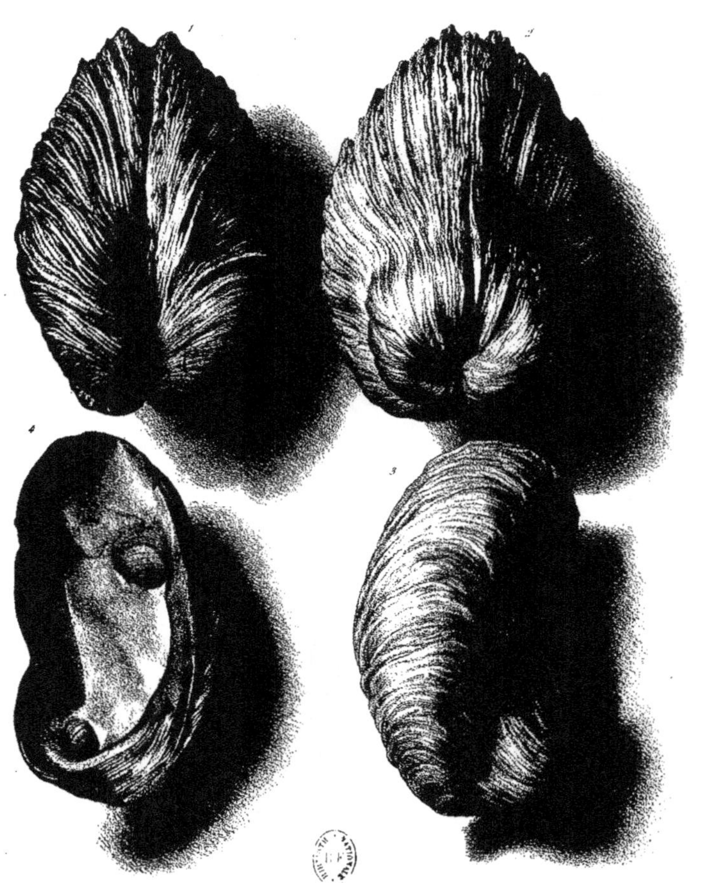

1
2
4
3

PLANCHE CIV.

PLANCHE CIV.

EXPLICATION DES FIGURES.

Fig. 1. — **Anisocardia crassa.** Dollfus, sp. — Individu adulte de grandeur naturelle, posé sur la valve droite. La valve gauche montre la carène qui part du crochet pour se diriger vers le bord ventral, du côté postérieur.

Cet exemplaire, type de l'espèce, a été décrit en 1863 par M. Dollfus, dans un ouvrage intitulé : *Faune kimm. du cap de la Hève*, p. 64, pl. VII et VIII, fig. 1.

Kimmeridien inférieur. Le Havre (Seine-Inférieure).

Fig. 2. — Le même individu, posé sur le côté ventral pour montrer la convexité des valves. Le ligament, entièrement conservé, est visible entre les crochets du côté postérieur.

PLANCHE CV.

PLANCHE CV.

EXPLICATION DES FIGURES.

Fig. 1. — **Crassinella obliqua.** Lamarck, sp. — Valve gauche de grandeur naturelle, vue à l'intérieur. On distingue les deux dents cardinales, les deux impressions musculaires, l'impression palléale et les crénelures du bord plus fines du côté antérieur que du côté postérieur.

    Oolithe inférieure ferrugineuse. Saint-Vigor, près de Bayeux (Calvados).

Fig. 2. — **Crassinella obliqua.** Lamarck, sp. — Valve droite d'un autre individu d'une forme un peu moins arrondie que celle du précédent.

    Ooolithe inférieure ferrugineuse. Saint-Vigor, près de Bayeux (Calvados).

Fig. 3. — **Crassinella obliqua.** Lamarck, sp. — Autre individu bivalve, vu du côté dorsal pour montrer le bombement des valves.

    Oolithe inférieure ferrugineuse. Saint-Vigor, près de Bayeux (Calvados).

Fig. 4. — Le même, montrant la surface externe de la valve droite.

Fig. 5. — **Crassinella vicinalis.** Bayle. — Valve droite de grandeur naturelle, vue à l'extérieur.

    Oolithe inférieure ferrugineuse. Saint-Vigor, près de Bayeux (Calvados).

Fig. 6. — La même, vue à l'intérieur, montrant sa charnière, ses impressions musculaires et l'impression palléale.

Fig. 7. — **Crassinella vicinalis.** Bayle. — Intérieur de la valve gauche d'un autre individu, de grandeur naturelle.

    Oolithe inférieure ferrugineuse. Saint-Vigor, près de Bayeux (Calvados).

Dessiné d'après nat. et lith. par N.H. Jacob.

Imp. Lemercier et Cⁱᵉ Paris.

PLANCHE CVI.

PLANCHE CVI.

———

EXPLICATION DES FIGURES.

Fig. 1. — **Diceras arietinum.** Lamarck. — Individu de taille moyenne, vu du côté antérieur. Les deux valves sont dépouillées de leurs lames externes.

    Coralrag. Saint-Mihiel (Meuse).

Fig. 2. — Le même, vu du côté postérieur.

Fig. 3. — **Diceras arietinum.** Lamarck. — Moule intérieur, montrant les impressions musculaires de la valve gauche.

    Coralrag. Wagnon (Ardennes).

Fig. 4. — **Diceras arietinum.** Lamarck. — Valve droite d'un jeune individu, montrant les deux impressions musculaires et la dent cardinale oblique.

    Coralrag. Saint-Mihiel (Meuse).

Fig. 5. — **Diceras originale.** Bayle. — Valve gauche, montrant les deux impressions musculaires et la grande dent cardinale saillante, creusée sur sa face interne d'une gouttière peu profonde.

    Coralrag. Saint-Mihiel (Meuse).

Dessiné d'ap. nat. et lith. par N.H. Jacob.
Imp. Lemercier ... Paris

PLANCHE CVII.

PLANCHE CVII.

Fig. 1. — **Bayleia Pouechi.** Munier-Chalmas. — Individu bivalve de la plus grande taille connue, vu du côté postérieur. On remarque sur la valve droite, la plus grande des deux, un sillon correspondant à une lame interne qui porte le muscle postérieur.

Craie marneuse (calcaire à Hippurites). Lavelanet (Ariège).

Fig. 2. — Le même, vu du côté antérieur. La valve gauche est couverte de lames d'accroissement, tandis que l'autre est lisse. La forme si différente des deux valves imprime à ce mollusque un caractère tout particulier.

1

PLANCHE CVIII.

PLANCHE CVIII.

EXPLICATION DES FIGURES.

F_{IG}. 1. — **Toucasia carinata.** M_{ATHERON}, sp. — Magnifique individu de la plus grande taille connue, vu du côté postérieur; on distingue sur l'une et l'autre valve la trace de la lame interne qui porte le muscle postérieur.

Urgonien. Le Rimet (Isère).

F_{IG}. 2. — Le même, vu du côté antérieur. On voit que sur ce côté les lames externes sont irrégulières et bien plus saillantes que sur le côté postérieur. Le sommet de la valve gauche montre la large surface par laquelle la coquille était fixée.

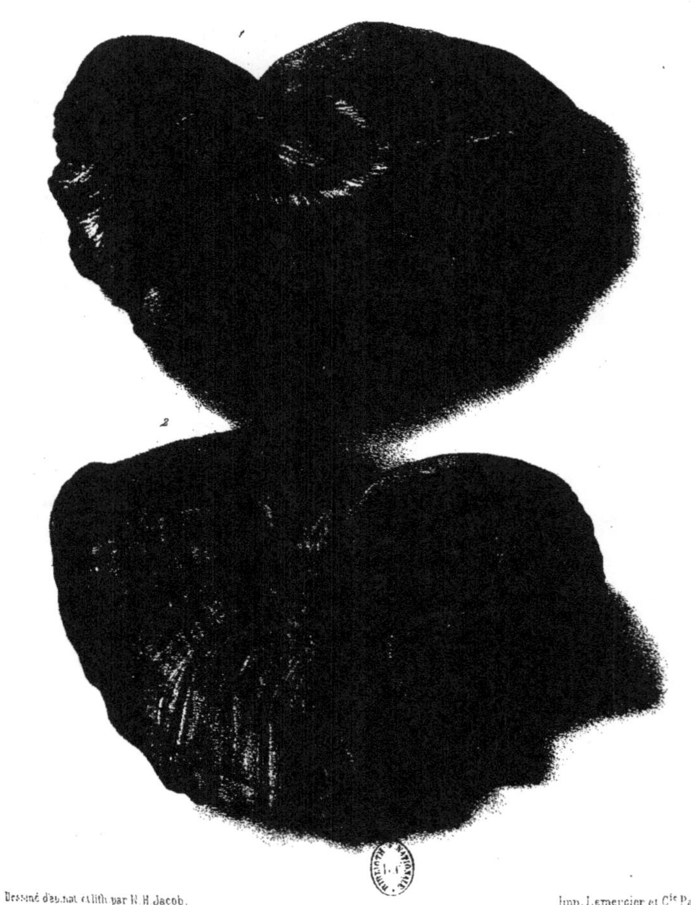

PLANCHE CIX.

EXPLICATION DES FIGURES.

Fɪɢ. 1. — **Requienia ammonia.** Gᴏʟᴅғᴜss, sp. — Individu de taille moyenne, montrant sa valve droite operculiforme, dont le crochet est fortement contourné.
Urgonien. Orgon (Bouches-du-Rhône).

Fɪɢ. 2. — Le même, montrant sa valve gauche dont le crochet très-développé est très-irrégulièrement enroulé. Ses lames extrêmes sont en partie brisées en quelques endroits.

Fɪɢ. 3. — **Requienia ammonia.** Gᴏʟᴅғᴜss, sp. — Jeune individu, dont la valve droite operculiforme présente un crochet peu enroulé.
Urgonien. Orgon (Bouches-du-Rhône).

Fɪɢ. 4. — **Toucasia carinata.** Mᴀᴛʜᴇʀᴏɴ, sp. — Jeune individu, disposé pour faire voir sa valve droite fortement carénée.
Urgonien. Orgon (Bouches-du-Rhône).

Fɪɢ. 5. — **Toucasia carinata.** Mᴀᴛʜᴇʀᴏɴ, sp. — Autre individu d'une plus grande taille, vu du côté antérieur. Il montre le développement du crochet contourné de la valve gauche.
Urgonien. Orgon (Bouches-du-Rhône).

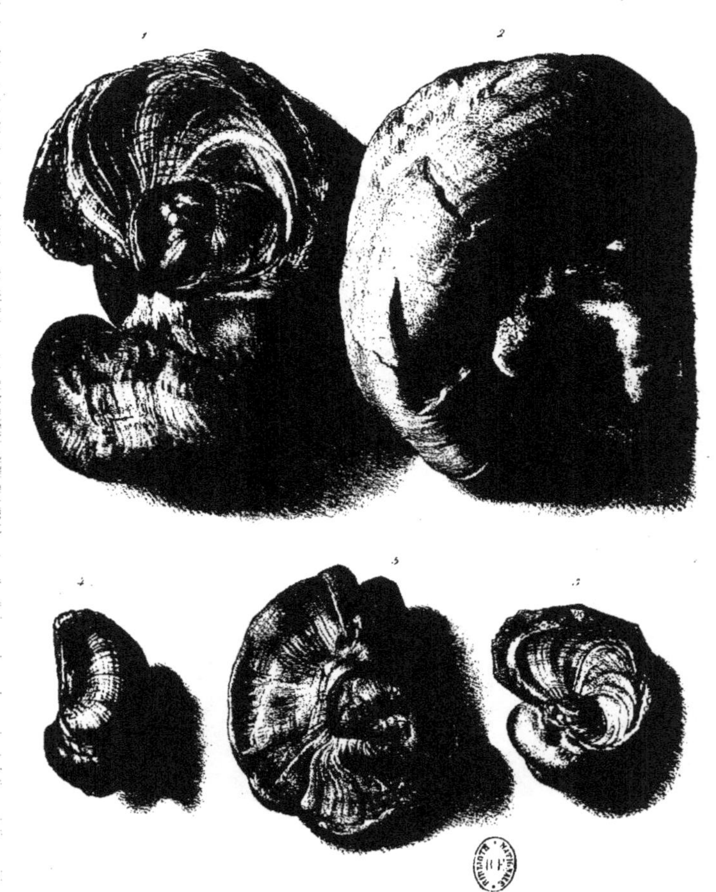

PLANCHE CX.

PLANCHE CX.

EXPLICATION DES FIGURES.

Fig. 1. — **Lapeirousia Jouanneti.** Des Moulins, sp. — Valve droite d'un individu de taille moyenne, vu de côté. Toutes les lames externes sont plus ou moins enlevées sur leur pourtour, ce qui laisse voir leur structure cellulaire.

Craie supérieure. Lamérac (Charente).

Fig. 2. — **Lapeirousia Jouanneti.** Des Moulins, sp. — Individu entier montrant sa valve gauche. On voit que cette valve, quand elle est bien conservée, recouvre entièrement la valve droite. La valve gauche présente les deux boursouflures correspondant à l'extrémité supérieure des deux piliers internes de la valve droite. Une partie du contour de la valve gauche étant enlevée, la valve droite montre la structure celluleuse de ses lames externes.

Craie supérieure. Maine-Roi (Charente).

PLANCHE CXI.

EXPLICATION DES FIGURES.

Fɪɢ. 1. — **Lapeirousia Jouanneti.** Dᴇs Mᴏᴜʟɪɴs, sp. — Individu de grandeur moyenne vu par le
sommet de la valve droite. Les lames externes, dont le bord est brisé en plusieurs
endroits, montrent les côtes arrondies dont elles sont ornées.

Craie supérieure. Lamérac (Charente).

Fɪɢ. 2. — **Lapeirousia Jouanneti.** Dᴇs Mᴏᴜʟɪɴs, sp. — Valve droite d'un individu dont les lames
internes ont été détruites par la fossilisation. La cavité intérieure offre les deux piliers
internes, caractéristiques du genre Lapeirousia. La surface de quelques lames est
usée et laisse voir leur structure cellulaire.

Craie supérieure. Lamérac (Charente).

PLANCHE CXII.

PLANCHE CXII.

EXPLICATION DES FIGURES.

Fig. 1. — **Sphærulites Hœninghausi.** Des Moulins. — Individu de taille moyenne, montrant le grand développement des lames de la valve droite, du côté antérieur. Les lames du côté postérieur sont en partie brisées. On n'aperçoit que des lambeaux de la valve gauche.

  Craie supérieure. Royan (Charente-Inférieure).

Fig. 2. — **Sphærulites Hœninghausi.** Des Moulins. — Individu dont une portion des lames externes a été enlevée pour laisser voir le moule intérieur (Birostre). Le moule montre les deux gaînes correspondant aux apophyses musculaires de la valve gauche et celle de la seconde dent cardinale. Les lames internes du test ont été détruites par la fossilisation.

  Craie supérieure. Royan (Charente-Inférieure).

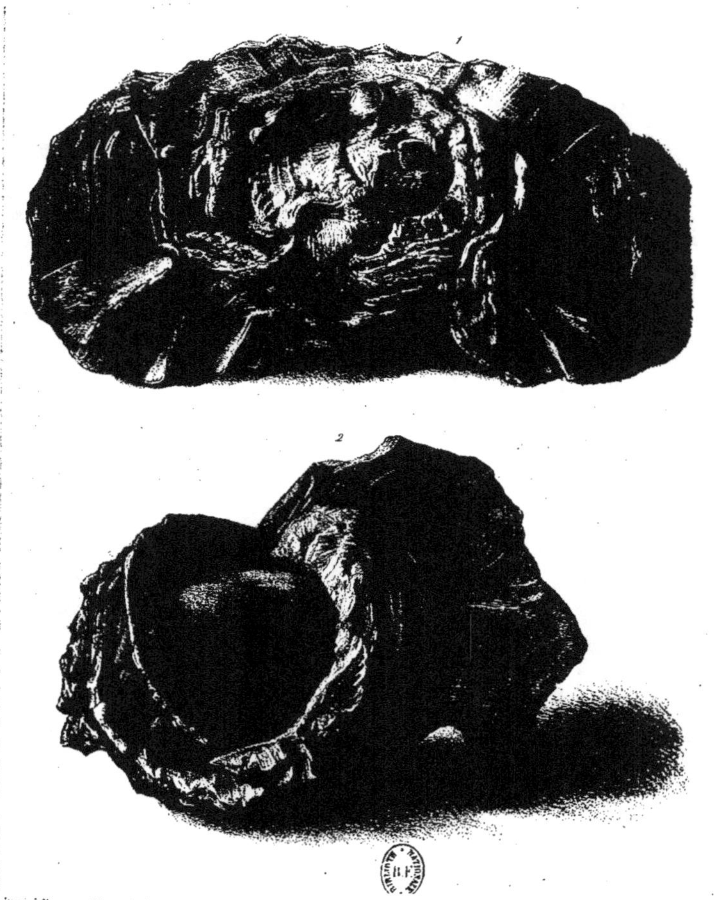

Dessiné d'ap. nat. et lith. par N. H. Jacob.

Imp. Lemercier et Cie.

PLANCHE CXIII.

PLANCHE CXIII.

EXPLICATION DE LA FIGURE.

FIG. 1. — **Sphærulites plicatus.** LAJARD, NÉGREL et TOULOUZAN. — Individu de grande taille, dans un remarquable état de conservation, vu du côté antérieur ou buccal. La valve droite, la plus grande des deux, montre ses lames externes ondulées se repliant vers le sommet, du côté ventral, où elles déterminent les deux sinus qui s'observent dans toutes les espèces de sphérulites.

La valve gauche, beaucoup plus petite que la droite, est moins bien conservée.

Cette espèce a été décrite pour la première fois en 1824, par MM. Lajard, Négrel et Toulouzan, dans la *Statistique du département des Bouches-du-Rhône*, de M. de Villeneuve. M. Matheron, à son tour, l'a nommée *Radiolites Desmouliniana*, en 1842.

Craie marneuse (calcaire à Hippurites). Le Beausset (Var).

PLANCHE CXIV.

PLANCHE CXIV.

EXPLICATION DES FIGURES.

Fig. 1. — **Sphærulites alatus.** D'Orbigny, sp. — Individu presque adulte. Le sommet de la valve gauche étant enlevé, on voit la pointe du moule intérieur, ou birostre. La valve droite montre les deux sinus caractéristiques que forment les lames externes; le bord de ces lames étant en partie détruit, on aperçoit leur structure celluleuse.

Craie supérieure. Royan (Charente-Inférieure).

Fig. 2. — **Sphærulites alatus.** D'Orbigny, sp. — Valve droite privée de ses lames internes. La cavité intérieure montre distinctement l'arête cardinale caractéristique du genre Sphærulites.

Craie supérieure. Royan (Charente-Inférieure).

Fig. 3. — **Sphærulites alatus.** D'Orbigny, sp. — Individu déjà représenté par la figure 1 et placé de manière à montrer sa forme triangulaire.

Fig. 4. — **Sphærulites Sæmanni.** Bayle. — Individu adulte vu du côté antérieur, pour montrer l'inflexion de ses lames externes.

Craie supérieure. Royan (Charente-Inférieure).

Fig. 5. — Le même, vu du côté ventral.

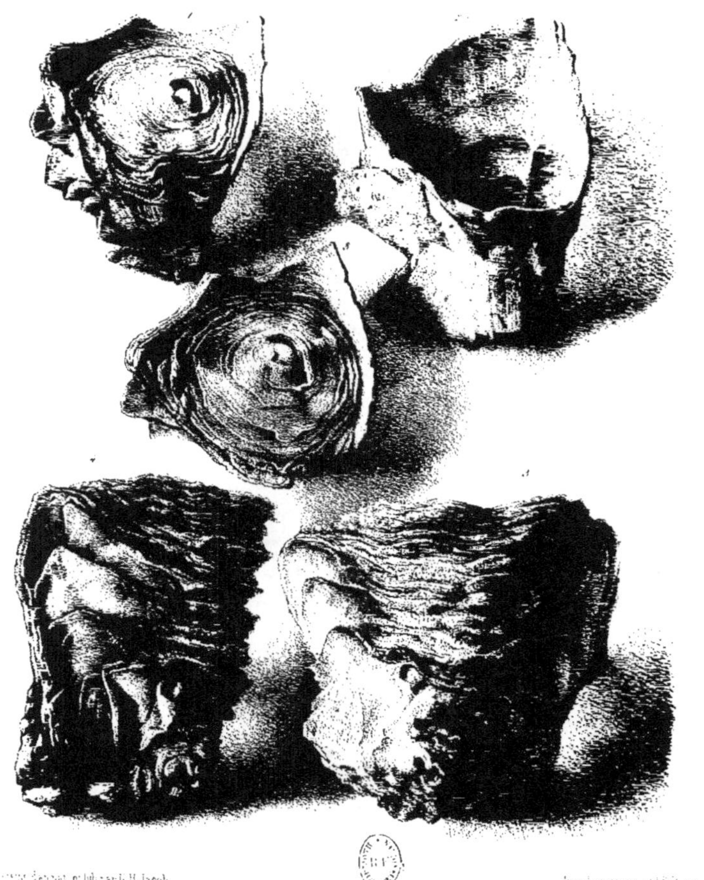

PLANCHE CXV.

PLANCHE CXV.

EXPLICATION DES FIGURES.

Fɪɢ. 1. — **Sphærulites Boucheroni.** Bᴀʏʟᴇ. — Jeune individu bivalve, placé pour montrer la valve gauche dont les lames externes sont presque entièrement conservées.
Craie supérieure. Saint-Mametz (Dordogne).

Fɪɢ. 2. — **Sphærulites Boucheroni.** Bᴀʏʟᴇ. — Autre individu de plus grande taille; les lames externes de la valve gauche ne sont pas entièrement conservées, on aperçoit alors la plus grande partie du limbe de la valve droite.
Craie supérieure. Saint-Mametz (Dordogne).

Fɪɢ. 3. — Le même, vu du côté antérieur. La valve droite montre les deux sinus produits par l'inflexion des lames externes, sinus que l'on observe dans toutes les espèces de Sphærulites.

Fɪɢ. 4. — **Sphærulites Boucheroni.** Bᴀʏʟᴇ. — Individu de taille moyenne, vu de côté. Les deux sinus formés par les lames externes de la valve droite sont plus distincts que dans l'exemplaire représenté par la figure 3.
Craie supérieure. Saint-Mametz (Dordogne).

1
2
3
4

PLANCHE CXVI.

PLANCHE CXVI.

EXPLICATION DES FIGURES.

Fig. 1. — **Hippurites dilatatus.** Defrance. — Individu de grande taille, de forme large, vu par la valve gauche.

Cette valve, admirablement conservée, montre les pores groupés en séries polygonales et les deux oscules allongés, divergeant vers le centre de la valve, qui caractérisent cette espèce. En quelques points le contour de la valve gauche est brisé et l'on aperçoit une partie du limbe de la valve droite.

Craie marneuse (calcaire à Hippurites). Bugarach (Corbières).

Fig. 2. — **Hippurites dilatatus.** Defrance. — Individu de taille moyenne, de forme cylindroïde. La valve gauche, dépouillée d'une portion de sa partie superficielle, montre les gros trous correspondant aux séries polygonales des pores externes; au droit des deux oscules, dans la partie centrale de la valve, les pores sont en partie visibles.

Craie marneuse (calcaire à Hippurites). Rennes-les-Bains (Aude).

Fig. 3. — **Hippurites dilatatus.** Defrance. — Jeune individu de forme conique, montrant ses deux valves. La valve gauche présente ses deux oscules, et les pores externes sont très-distincts. On aperçoit également une partie du limbe de la valve droite.

Craie marneuse (calcaire à Hippurites). Rennes-les-Bains (Aude).

Dessiné d'après nature et lith. par Mme Jacob.
Imp. Lemercier & Cie Paris.

PLANCHE CXVII.

PLANCHE CXVII.

EXPLICATION DE LA FIGURE.

Fıɢ. 1. — **Pinna Cadomensis.** Bayle. — Individu de grande taille, en partie écrasé. Le test, très-mince, manque du côté des crochets. Les lignes d'accroissement sont très-nette-ment accusées.

Fullers-earth (calcaire de Caen). Environs de Caen (Calvados).

PLANCHE CXVIII.

PLANCHE CXVIII.

EXPLICATION DE LA FIGURE.

F_{IG}. 1. — **Trichites Saussurei**. D_{ESHAYES}, sp. — Individu adulte, dont les deux valves oit le test
entièrement conservé. On remarque la forme gondolée de cette espèce et les gros
plis irréguliers que portent, du côté postérieur, les lames d'accroissement. Sur plusieurs points du contour, le bord de la coquille étant brisé, on peut observer la
structure fibreuse du test caractéristique de ce genre de Lamellibranches.

Kimmeridien inférieur. Tonnerre (Yonne).

Dessiné d'ap. nat. et lith. par R.H. Jacob.

Imp. Lemercier & C.ᵉ Paris.

PLANCHE CXIX.

PLANCHE CXIX.

EXPLICATION DES FIGURES.

Fig. 1. — **Lyrodon suprajurense**. Agassiz, sp. — Individu de grande taille, vu du côté postérieur, montrant tout son corselet et une portion du ligament.
Kimmeridien inférieur. Le Havre (Seine-Inférieure).

Fig. 2. — Le même, vu de côté. On distingue toute la valve gauche et une portion des bords postérieur et cardinal de la valve droite.

Fig. 3. — **Lyrodon simile**. Agassiz, sp. — Individu de la plus grande taille connue, légèrement
écrasé, montrant la valve gauche.
Lias supérieur. Gundershoffen (Bas-Rhin).

Fig. 4. — **Lyrodon simile**. Agassiz, sp. — Autre individu de taille moyenne, vu par la surface
extérieure de la valve gauche.
Lias supérieur. Gundershoffen (Bas-Rhin).

Fig. 5. — Le même, placé pour faire voir son corselet.

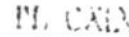

Dessiné d'ap. nat. et lith. par N.H. Jacob.

Imp. Lemercier et Cᵉ Paris

PLANCHE CXX.

PLANCHE CXX.

EXPLICATION DES FIGURES.

Fig. 1. — **Myophorella nodulosa.** Lamarck, sp. — Individu de grandeur naturelle, montrant la surface externe de la valve gauche et une partie du crochet de la valve droite.
Oxfordelay. Trouville (Calvados).

Fig. 2. — Le même, posé sur le côté ventral. On distingue le corselet, les deux nymphes du ligament et une partie du bord antérieur des valves.

Fig. 3. — **Myophorella muricata.** Roemer, sp. — Individu adulte, vu par l'extérieur de la valve gauche. On aperçoit une portion du ligament.
Kimmeridien inférieur. Le Havre (Seine-Inférieure).

Fig. 4. — Le même, disposé pour montrer le corselet, le ligament et une partie du bord antérieur des valves.

Fig. 5. — **Myophorella nodulosa.** Lamarck, sp. — Jeune individu, vu de côté. On remarque que la carène médiane du corselet est noduleuse, tandis qu'elle devient lisse dans l'adulte.
Oxfordelay. Villers (Calvados).

Fig. 6. — **Myophorella nodulosa.** Lamarck, sp. — Autre individu, posé sur le bord ventral pour montrer le corselet, dont la carène médiane n'est pas noduleuse comme dans le précédent.
Oxfordelay. Villers (Calvados).

PLANCHE CXXI.

PLANCHE CXXI.

EXPLICATION DES FIGURES.

F_{IG}. 1. — **Pseudopecten æquivalvis.** S_{OWERBY}, sp. — Individu de taille moyenne, dont les oreillettes ne sont pas bien conservées. On peut cependant en reconnaître la forme d'après la direction des lignes d'accroissement du test.

Lias moyen. Avallon (Yonne).

F_{IG}. 2. — **Camptonectes liasicus.** N_{YST}, sp. — Individu adulte, dont une des valves est engagée dans la gangue, remarquable par la brièveté des oreillettes cardinales.

Lias moyen. Croisilles (Calvados).

PLANCHE CXXII.

PLANCHE CXXII.

EXPLICATION DES FIGURES.

Fig. 1. — **Chlamys asper.** LAMARCK, sp. — Magnifique exemplaire de grande taille, dont une valve est engagée dans la gangue. Les oreilles du bord cardinal sont en partie détruites, mais toutes les épines qui hérissent les côtes sont remarquablement conservées.

 Craie inférieure. Le Havre (Seine-Inférieure).

Fig. 2. — **Neithea quinquecostata.** SOWERBY, sp. — Individu montrant la surface externe de la valve droite, le crochet saillant de la valve gauche et les oreillettes du bord cardinal.

 Craie inférieure. Colline de Sainte-Catherine, près de Rouen (Seine-Inférieure).

Fig. 3. — Le même, vu par l'extérieur de la valve gauche.

Fig. 4. — **Neithea æquicostata.** LAMARCK, sp. — Valve gauche d'un individu de la plus grande taille connue, dont les oreillettes ne sont pas entièrement conservées.

 Craie inférieure. Yvré-l'Évêque (Sarthe).

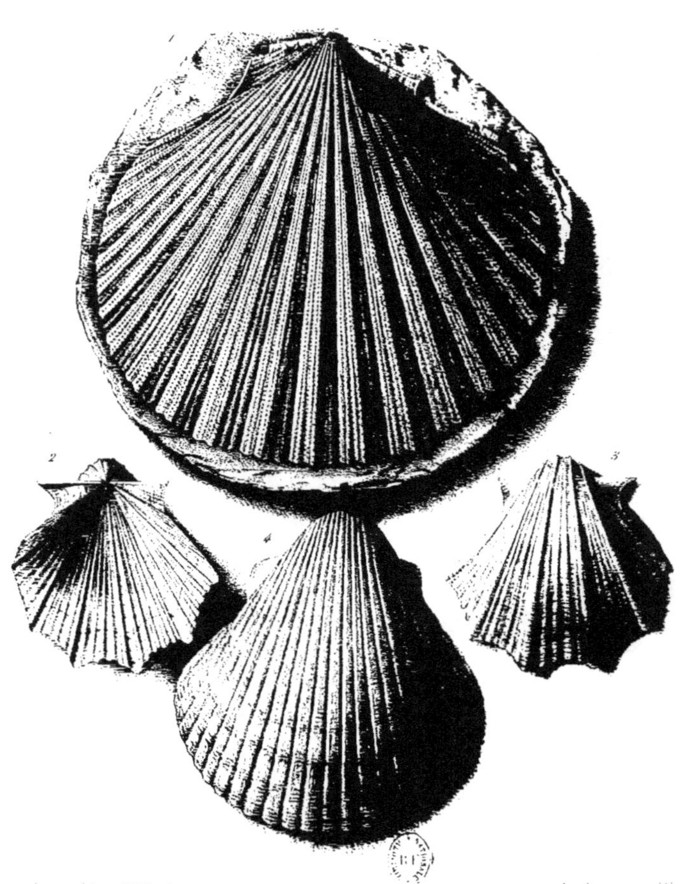

PLANCHE CXXIII.

PLANCHE CXXIII.

———

EXPLICATION DES FIGURES.

Fig. 1. — **Plagiostoma giganteum**. Sowerby. — Individu de taille moyenne, de grandeur naturelle. On y remarque quelques lames d'accroissement très-accusées et irrégulièrement
distantes, ainsi que des côtes fines et divergentes à partir du crochet du côté antérieur et du côté postérieur.

Lias inférieur. Metz (Moselle).

Fig. 2. — Le même, disposé pour montrer la région cardinale.

PLANCHE CXXIV.

PLANCHE CXXIV.

EXPLICATION DES FIGURES.

Fɪɢ. 1. — **Ctenostreon Hector.** D'Orbigny, sp. — Individu de grande taille, montrant la surface
extérieure de la valve gauche. On distingue l'oreillette postérieure.
Oolithe inférieure. Conlie (Sarthe).

Fɪɢ. 2. — **Ctenostreon Hector.** D'Orbigny, sp. — Valve gauche d'un jeune individu vue par sa
face externe.
Oolithe inférieure ferrugineuse. Bayeux (Calvados).

Fɪɢ. 3. — La même, vue à l'intérieur. On y distingue la large impression musculaire, et la fossette très-oblique du ligament.

Dessiné d'ap. nat. et lith. par H. Jacob.

Imp. Lemercier & Cie Paris.

PLANCHE CXXV.

PLANCHE CXXV.

EXPLICATION DES FIGURES.

Fig. 1. — **Ctenostreon Wrighti.** Bayle. — Individu montrant la face externe de la valve gauche. Espèce remarquable par la largeur de l'espace qui sépare les côtes épineuses.

Oolithe inférieure. Leckhampton (Angleterre).

Fig. 2. — **Plagiostoma eximium.** Bayle. — Individu vu par la surface extérieure de la valve gauche.

Lias moyen. Vieux-Pont (Calvados).

Fig. 3. — **Plagiostoma Hettangiense.** Terquem, sp. — Individu de grande taille, montrant la surface extérieure de la valve gauche, couverte de côtes aiguës, dans les interstices desquelles on distingue une côte plus fine.

Infralias. Valognes (Manche).

Fig. 4. — **Limatula gibbosa.** Sowerby, sp. — Individu adulte, vu par l'extérieur de la valve gauche.

Oolithe inférieure ferrugineuse.. Saint-Vigor, près de Bayeux (Calvados).

PLANCHE CXXVI.

PLANCHE CXXVI.

EXPLICATION DES FIGURES.

Fig. 1. — **Gryphæa regularis.** Deshayes. — Individu adulte, bivalve. Le crochet de la valve gauche montre la surface par laquelle la coquille était fixée. On remarque les stries fines et régulièrement concentriques qui couvrent la surface de la valve droite, dont on aperçoit la fossette d'insertion du ligament.

Lias moyen. Les Moutiers, près de Caen (Calvados).

Fig. 2. — Le même individu, vu par la surface extérieure de la valve gauche.

Fig. 3. — **Gryphæa gryphus.** Linné, sp. — Individu adulte posé sur la valve gauche pour montrer la courbure du crochet de cette valve et la valve droite operculaire.

Lias inférieur. Pouilly (Côte-d'Or).

Fig. 4. — Le même individu vu du côté postérieur. On distingue le sillon qui divise la surface externe de la valve gauche en deux lobes inégaux.

Fig. 5. — Le même individu présentant la face externe de la valve gauche, sur laquelle on remarque les lames d'accroissement nettement accusées et très-irrégulièrement distantes.

PLANCHE CXXVII.

Fig. 1. — **Gryphæa gigantea.** J. de C. Sowerby. — Individu adulte, posé sur la valve gauche. On distingue sous le crochet de la valve gauche la fossette pour l'insertion du ligament. La surface de la valve droite montre les nombreuses lames d'accroissement dont quelques-unes sont, de distance en distance, plus fortement accusées.

Lias moyen. Avallon (Yonne).

Fig. 2. — **Gryphæa sportella.** Dumortier, sp. — Valve gauche d'un individu adulte vue à l'extérieur. On remarque la large surface d'adhérence que présente le crochet, et le sinus profond situé sur le côté postérieur.

Lias moyen (partie inférieure). Avallon (Yonne).

Fig. 3. — **Gryphæa sportella.** Dumortier, sp. — Valve gauche d'un autre individu disposée pour faire voir la large surface par laquelle la coquille était fixée.

Lias moyen (partie inférieure). Avallon (Yonne).

Fig. 4. — **Gryphæa sportella.** Dumortier. — Valve gauche d'un individu de taille moyenne vue à l'intérieur. Elle montre la large fossette destinée à recevoir le ligament, et l'impression du muscle postérieur.

Lias moyen (partie inférieure). Avallon (Yonne).

Dessiné d'ap. nat. et lith par N.H. Jacob.

Imp. Lemercier et C.ie Paris.

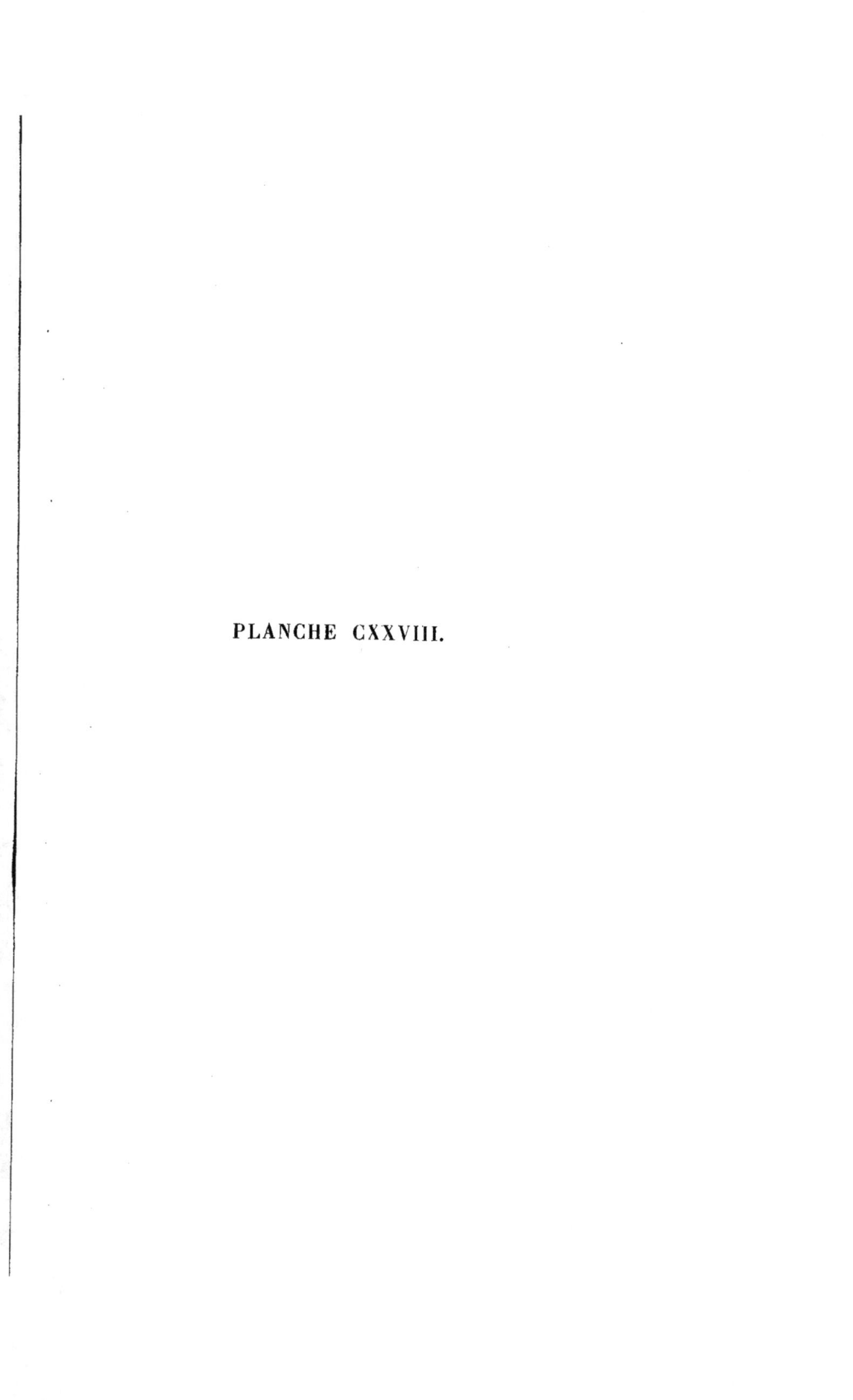

PLANCHE CXXVIII.

PLANCHE CXXVIII.

EXPLICATION DES FIGURES.

FIG. 1. — **Gryphæa dilatata**. SOWERBY. — Exemplaire adulte, de grandeur naturelle, remarquable par l'énorme développement que présente la surface d'insertion du ligament. On distingue sur la surface de la valve droite des stries rayonnantes, et les lames d'accroissement très-inégalement distantes.

Oxfordclay (argile de Dives). Dives (Calvados).

FIG. 2. — **Gryphæa bullata**. SOWERBY. — Valve gauche d'un jeune individu, vue par sa face interne. On y distingue la large impression musculaire.

Oxfordclay (zone de l'Amaltheus cordatus). Neuvizy (Ardennes).

FIG. 3. — **Gryphæa bullata**. SOWERBY. — Valve gauche d'un autre jeune individu, vue par sa surface extérieure et montrant les lames irrégulières d'accroissement.

Oxfordclay. Neuvizy (Ardennes).

FIG. 4. — **Gryphæa bullata**. SOWERBY. — Jeune individu bivalve; les crochets des deux valves portent la trace du corps étranger sur lequel il s'était fixé.

Oxfordclay. Neuvizy (Ardennes).

PLANCHE CXXIX.

PLANCHE CXXIX.

EXPLICATION DES FIGURES.

Fig. 1. — **Gryphæa dilatata**. Sowerby. — Individu adulte, réduit d'un tiers. La surface d'insertion du ligament n'a pas pris un aussi grand développement que dans l'exemplaire représenté pl. CXXVIII, fig. 1. La surface de la valve droite porte les stries rayonnantes caractéristiques de l'espèce.

   Oxfordclay (argile de Dives). Dives (Calvados).

Fig. 2. — Valve gauche du même individu vue à l'extérieur. On remarque l'irrégularité ces lignes d'accroissement.

Fig. 3. — Intérieur de la valve droite du même individu, montrant la surface d'insertion du muscle qui est étroite et profonde.

Fig. 4. — Intérieur de la valve gauche du même individu. Sous le crochet on aperçoit une faible partie de la fossette du ligament. Le bord antérieur est beaucoup plus épais que le postérieur. Dans cette espèce, l'impression musculaire est proportionnellement très-peu développée.

PLANCHE CXXX.

PLANCHE CXXX.

EXPLICATION DES FIGURES.

Fig. 1. — **Ostreum Leymeriei.** Deshayes. — Individu bivalve réduit d'un quart, montrant la surface externe de sa valve droite.

Néocomien (marnes à Ostracées). Wassy (Haute-Marne).

Fig. 2. — **Ostreum Leymeriei.** Deshayes. — Valve gauche d'un individu de grandeur naturelle, vue par sa face interne. On remarque l'extrême largeur de la région cardinale et l'impression du muscle postérieur.

Néocomien (marnes à Ostracées). Wassy (Haute-Marne).

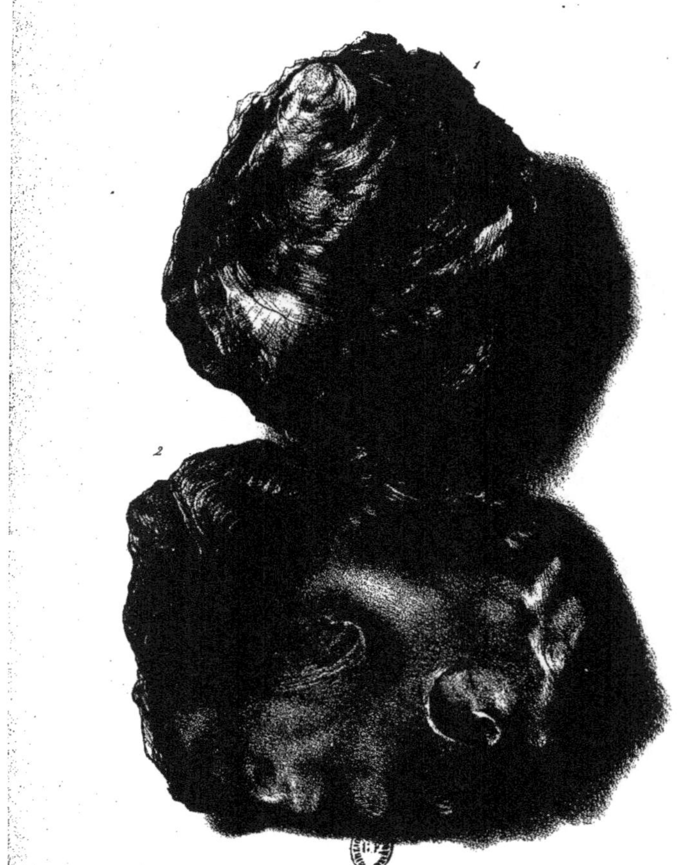

PLANCHE CXXXI.

PLANCHE CXXXI.

EXPLICATION DES FIGURES.

F_{IG}. 1. — **Ostreum subdeltoideum.** P_{ELLAT}. — Valve gauche d'un individu adulte vue à l'intérieur. On y distingue la fossette ligamentaire et la large impression musculaire. Du
côté antérieur et du côté postérieur le bord de la coquille présente une grande largeur et on y remarque les nombreuses lames d'accroissement.
Kimmeridien inférieur. Le Havre (Seine-Inférieure).

F_{IG}. 2. — **Alectryonia Potieri.** B_{AYLE}. — Individu adulte vu par la face externe de la valve
droite.
Oxfordclay. Villers (Calvados).

F_{IG}. 3. — **Alectryonia Potieri.** B_{AYLE}. — Autre individu montrant la surface extérieure de la
valve gauche. Les côtes sont plus nombreuses et plus fines que dans le précédent.
Oxfordclay. Villers (Calvados).

F_{IG}. 4. — **Alectryonia Potieri.** B_{AYLE}. — Autre individu bivalve. On voit la face externe de la
valve droite et le crochet de la valve gauche.
Oxfordclay. Villers (Calvados).

F_{IG}. 5. — **Alectryonia Potieri.** B_{AYLE}. — Autre individu, de forme allongée, montrant l'extérieur
de la valve gauche.
Oxfordclay. Villers (Calvados).

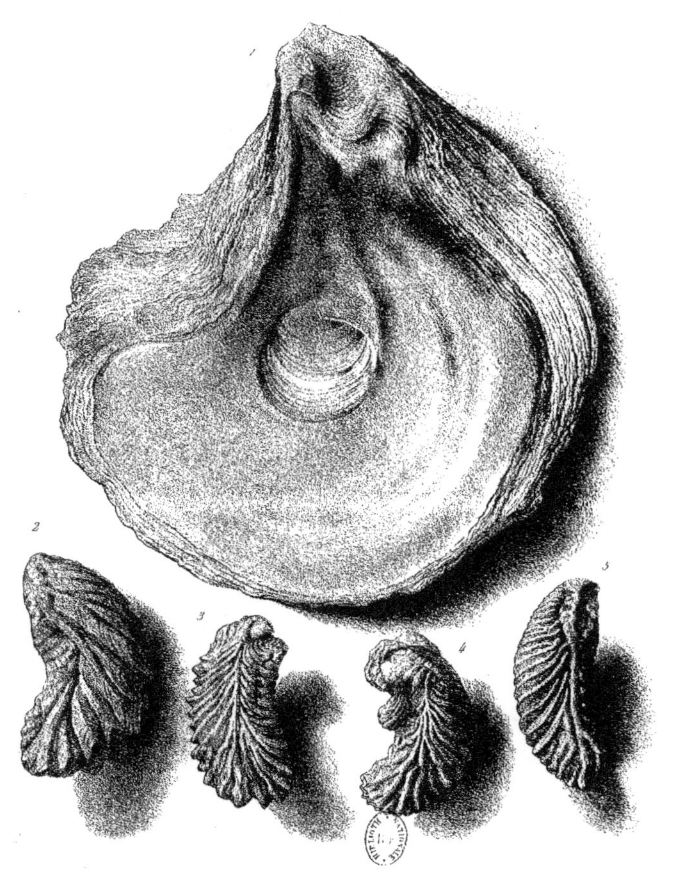

Dessiné d'ap nat et lith par N h. Jacob.

PLANCHE CXXXII.

PLANCHE CXXXII.

EXPLICATION DES FIGURES.

FIG. 1. — **Ostreum subdeltoideum.** PELLAT. — Valve droite d'un individu adulte, vue à l'intérieur. On remarque l'obliquité de la fossette ligamentaire et la large impression musculaire très-rapprochée du bord. Cet individu est curieux par le contournement que présente le bord postérieur.

Kimmeridien inférieur. Le Havre (Seine-Inférieure).

FIG. 2. — **Actinostreon solitarium.** SOWERBY, sp. — Individu adulte de forme quadrangulaire, montrant l'extérieur de la valve gauche.

Kimmeridien inférieur. Le Havre (Seine-Inférieure).

FIG. 3. — **Actinostreon solitarium.** SOWERBY, sp. — Valve gauche d'un autre individu, vue à l'intérieur. On y observe l'impression du muscle très-rapproché du bord postérieur, et la large fossette ligamentaire.

Kimmeridien inférieur. Le Chêne (Ardennes).

FIG. 4. — **Actinostreon solitarium.** SOWERBY, sp. — Autre individu de grande taille, montrant la surface extérieure de la valve droite.

Kimmeridien inférieur. Le Havre (Seine-Inférieure).

FIG. 5. — **Actinostreon solitarium.** SOWERBY, sp. — Intérieur de la valve droite d'un autre individu, dans laquelle on distingue l'impression musculaire très-rapprochée du bord postérieur, et la fossette ligamentaire.

Kimmeridien inférieur. Le Havre (Seine-Inférieure).

FIG. 6. — **Actinostreon solitarium.** SOWERBY, sp. — Autre individu bivalve. On aperçoit le crochet de la valve gauche et la surface externe de la valve droite. Dans cet individu les plis n'atteignent pas le crochet.

Kimmeridien inférieur. Le Havre (Seine-Inférieure).

PLANCHE CXXXIII.

EXPLICATION DES FIGURES.

FIG. 1. — **Ceratostreon flabellatum.** GOLDFUSS, sp. — Individu réduit d'un tiers, montrant la surface externe de la valve droite. On remarque au crochet de cette valve une assez large surface lisse, à partir de laquelle naissent les côtes rayonnantes qui caractérisent cette espèce.

Craie inférieure (*marnes à Ostracées*). Le Mans (Sarthe).

FIG. 2. — **Ceratostreon flabellatum.** GOLDFUSS, sp. — Individu de grandeur naturelle, montrant la valve gauche. La région cardinale présente la surface lisse par laquelle la coquille était fixée.

Craie inférieure (*marnes à Ostracées*). Le Mans (Sarthe).

FIG. 3. — Valve gauche du même individu, vue par sa face intérieure. On y distingue la large impression du muscle postérieur et la fossette ligamentaire très-oblique.

FIG. 4. — Valve droite du même individu, vue par sa face interne. L'impression très-large et peu profonde du muscle postérieur est assez rapprochée du bord de la coquille. Le contour de ces deux valves est remarquable par les crénelures dont il est orné.

PLANCHE CXXXIV.

PLANCHE CXXXIV.

EXPLICATION DES FIGURES.

FIG. 1. — **Ceratostreon Matheroni.** D'ORBIGNY, sp. — Intérieur de la valve gauche d'un individu adulte, montrant la fossette ligamentaire et l'impression du muscle postérieur.
Craie supérieure. Royan (Charente-Inférieure).

FIG. 2. — **Ceratostreon Matheroni.** D'ORBIGNY, sp. — Valve gauche d'un autre individu de la plus grande taille connue, présentant les côtes irrégulièrement épineuses dont sa surface est ornée.
Craie supérieure. Royan (Charente-Inférieure).

FIG. 3. — **Ceratostreon Delaunayi.** BAYLE. — Valve gauche d'un individu de taille moyenne, montrant son crochet régulièrement contourné.
Craie blanche. Malberchie, près de La Valette (Charente).

FIG. 4. — **Ceratostreon Delaunayi.** BAYLE. — Autre individu de taille moyenne, présentant la valve droite avec son crochet contourné et celui de la valve gauche.
Craie blanche. Vendôme (Loir-et-Cher).

FIG. 5. — **Ceratostreon Delaunayi.** BAYLE. — Intérieur de la valve gauche d'un individu de la plus grande taille connue, montrant la fossette du ligament et l'impression du muscle postérieur.
Craie blanche. Vendôme (Loir-et-Cher).

FIG. 6. — **Ceratostreon Delaunayi.** BAYLE. — Valve gauche d'un individu de forme allongée.
Craie blanche. Malberchie, près de La Valette (Charente).

FIG. 7. — **Ceratostreon pyrenaicum.** LEYMERIE, sp. — Valve droite d'un individu de grande taille, de forme large, montrant son crochet contourné et ses lames d'accroissement.
Craie supérieure. Gensac (Haute-Garonne).

FIG. 8. — **Ceratostreon pyrenaicum.** LEYMERIE, sp. — Intérieur de la valve gauche d'un individu de forme étroite, présentant la fossette du ligament, l'impression du muscle postérieur et les crénelures de son contour.
Craie supérieure. Gensac (Haute-Garonne).

FIG. 9. — La même valve, vue par sa face externe, montrant le crochet contourné et la carène antérieure caractéristique de l'espèce.

FIG. 10. — **Ceratostreon Matheroni.** D'ORBIGNY, sp. — Jeune individu présentant la surface extérieure de la valve gauche couverte de plis dont quelques-uns sont épineux.
Craie supérieure. Royan (Charente-Inférieure).

FIG. 11. — **Ceratostreon Matheroni.** D'ORBIGNY, sp. — Autre individu, montrant la valve droite dont le crochet est fortement recourbé.
Craie supérieure. Royan (Charente-Inférieure).

Dessiné d'ap. nat. et lith. par N.H. Jacob.

Imp. Lemercier et Cᵉ Paris.

PLANCHE CXXXV.

PLANCHE CXXXV.

Fig. 1. — **Pycnodonta vesicularis.** Lamarck, sp. — Individu entier de taille moyenne. On distingue la fossette ligamentaire de l'une et l'autre valve. La surface de la valve droite montre les stries fines qui partent du crochet pour atteindre le contour de la valve, stries caractéristiques de toutes les espèces de ce genre d'*Ostracées*.
Craie blanche. Meudon (Seine-et-Oise).

Fig. 2. — Le même, vu par la face externe de sa valve gauche.

Fig. 3. — Valve gauche du même individu, vue par sa face interne. On y distingue l'impression musculaire, presque circulaire et profonde.

Fig. 4. — Valve droite du même individu, vue par sa face interne et montrant l'impression musculaire.

Fig. 5. — **Pycnodonta vesicularis.** Lamarck, sp. — Jeune individu très-développé du côté postérieur, vu par la surface externe de sa valve gauche.
Craie blanche. Meudon (Seine-et-Oise).

Fig. 6. — **Pycnodonta vesicularis.** Lamarck, sp. — Intérieur de la valve gauche d'un jeune individu, montrant l'impression musculaire et, sur le bord postérieur, les granulations irrégulières que l'on observe de chaque côté de la fossette cardinale, dans toutes les espèces de ce genre.
Craie blanche. Meudon (Seine-et-Oise).

Fig. 7. — **Pycnodonta vesicularis.** Lamarck, sp. — Valve gauche d'un jeune individu de forme presque circulaire, vue par sa face externe.
Craie blanche. Meudon (Seine-et-Oise).

PLANCHE CXXXVI.

PLANCHE CXXXVI.

EXPLICATION DES FIGURES.

Fig. 1. — **Pycnodonta proboscidea.** D'Archiac, sp. — Valve gauche d'un individu de très-grande taille, montrant son intérieur. On voit la large fossette du ligament et l'impression musculaire profondément marquée.

Craie blanche. Malberchie, près de La Valette (Charente).

Fig. 2. — **Pycnodonta proboscidea.** D'Archiac, sp. — Valve gauche d'un autre individu vu du côté extérieur, montrant l'inégalité des lames d'accroissement et le sinus de son côté postérieur.

Craie blanche. Malberchie, près de La Valette (Charente).

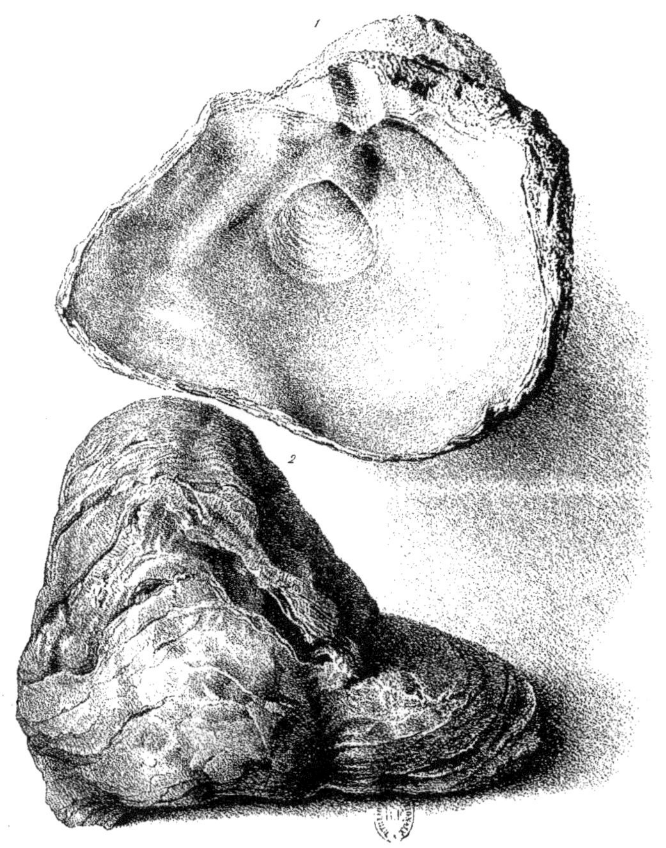

PLANCHE CXXXVII.

PLANCHE CXXXVII.

EXPLICATION DES FIGURES.

FIG. 1. — **Pycnodonta biauriculata.** LAMARCK, sp. — Individu adulte, montrant ses deux valves. *Craie inférieure* (*marnes à Ostracées*). Le Mans (Sarthe).

FIG. 2. — Le même, vu par la face externe de sa valve gauche.

FIG. 3. — Valve gauche du même individu, vue par sa face interne. On y remarque la large fossette triangulaire du ligament et l'impression du muscle postérieur, qui est presque médiane.

FIG. 4. — Valve droite du même individu, montrant sa face interne. L'impression musculaire et la fossette ligamentaire sont très-visibles. On remarque sur le bord cardinal du côté postérieur les granulations caractéristiques des *Pycnodonta*.

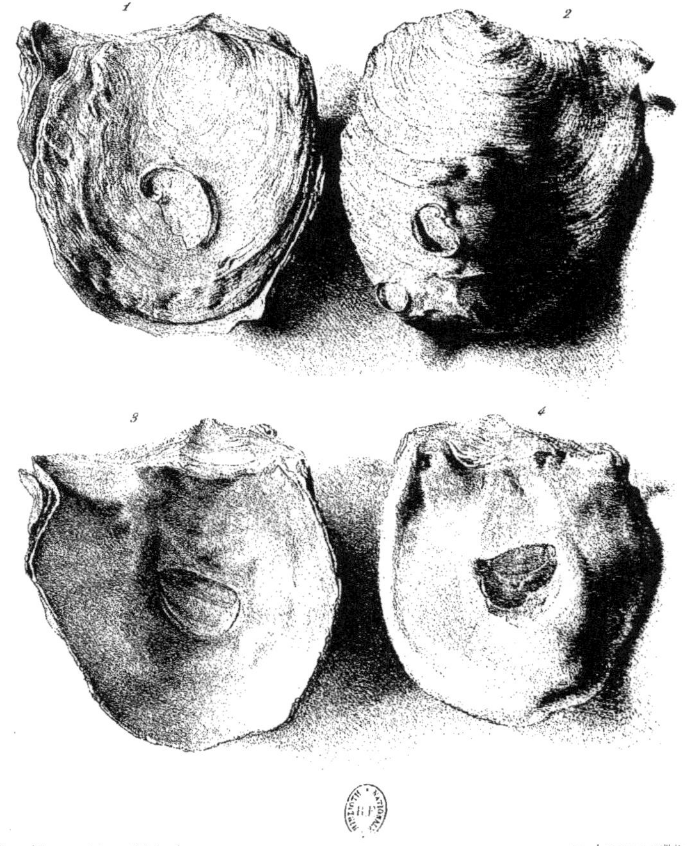

PLANCHE CXXXVIII.

PLANCHE CXXXVIII.

———

EXPLICATION DES FIGURES.

Fig. 1. — **Rhynchostreon Chaperi**. BAYLE. — Individu adulte, montrant la valve droite operculiforme et le crochet de la valve gauche.

Craie inférieure (marnes à Ostracées). Le Mans (Sarthe).

Fig. 2. — **Rhynchostreon Chaperi**. BAYLE. — Valve gauche d'un individu adulte, dans laquelle
les lames d'accroissement sont très-nettement distinctes.

Craie inférieure (marnes à Ostracées). Le Mans (Sarthe).

Fig. 3. — **Rhynchostreon Chaperi**. BAYLE. — Valve gauche d'un individu adulte ayant conservé
la trace de ses couleurs.

Craie inférieure (marnes à Ostracées). Le Mans (Sarthe).

Fig. 4. — **Rhynchostreon Chaperi**. BAYLE. — Jeune individu vu de côté pour montrer la disposition du crochet dans l'une et l'autre valve.

Craie inférieure (marnes à Ostracées). Le Mans (Sarthe).

Fig. 5. — **Rhynchostreon Chaperi**. BAYLE. — Intérieur de la valve gauche d'un jeune individu,
dans laquelle on distingue l'impression du muscle postérieur et l'étroite fossette du
ligament.

Craie inférieure (marnes à Ostracées). Le Mans (Sarthe).

Fig. 6. — **Rhynchostreon conicum**. SOWERBY, sp. — Valve gauche d'un jeune individu, montrant
la carène caractéristique de l'espèce.

Craie inférieure. Fécamp (Seine-Inférieure).

Fig. 7. — **Rhynchostreon conicum**. SOWERBY, sp. — Valve gauche d'un individu adulte, vue par
sa face externe, montrant son crochet contourné, la carène caractéristique et les
lames irrégulières d'accroissement.

Craie inférieure. Colline de Sainte-Catherine, près de Rouen (Seine-Inférieure).

PLANCHE CXXXIX.

PLANCHE CXXXIX.

EXPLICATION DES FIGURES.

Fɪɢ. 1. — **Ætostreon latissimum.** Lᴀᴍᴀʀᴄᴋ, sp. — Jeune individu de forme allongée, vu par la face externe de la valve gauche, sur laquelle on distingue la carène caractéristique.

Aptien (argile à Plicatules). Wassy (Haute-Marne).

Fɪɢ. 2. — **Ætostreon latissimum.** Lᴀᴍᴀʀᴄᴋ, sp. — Individu de taille moyenne, de forme large, vu par la surface extérieure de la valve gauche.

Aptien (argile à Plicatules). Wassy (Haute-Marne).

Fɪɢ. 3. — Le même, montrant la valve droite operculiforme, sur laquelle on remarque les lames d'accroissement inégalement distantes.

Fɪɢ. 4. — **Ætostreon consobrinus.** Bᴀʏʟᴇ. — Valve gauche d'un jeune individu, présentant la fossette du ligament et l'impression du muscle postérieur.

Aptien (argile à Plicatules). Wassy (Haute-Marne).

Dessiné d'ap. nat. et lith. par N.H.Jacob

Imp. Lemercier & Cⁱᵉ Paris

PLANCHE CXL.

PLANCHE CXL.

EXPLICATION DES FIGURES.

Fɪɢ. 1. — **Aetostreon Couloni.** Dᴇғʀᴀɴᴄᴇ, sp. — Individu entier, de taille moyenne. On remarque les lames d'accroissement de la valve gauche operculiforme et dont le crochet est légèrement contourné.

Néocomien. Flogny (Yonne).

Fɪɢ. 2. — **Aetostreon Couloni.** Dᴇғʀᴀɴᴄᴇ, sp. — Individu vu par la face externe de sa valve gauche. Cette valve présente sa carène, dont une épine située dans le voisinage du crochet est en partie brisée; les deux expansions aliformes du bord cardinal, caractéristiques de l'espèce, sont très-développées dans cet individu.

Néocomien. Flogny (Yonne).

Fɪɢ. 3. — **Aetostreon aquilinum.** Lᴇʏᴍᴇʀɪᴇ, sp. — Individu adulte montrant ses deux valves.

Néocomien. Wassy (Haute-Marne).

Fɪɢ. 4. — **Aetostreon aquilinum.** Lᴇʏᴍᴇʀɪᴇ, sp. — Valve gauche d'un individu adulte, vue par sa face interne. On y distingue l'impression musculaire de petite dimension. La fossette ligamentaire est masquée par le crochet.

Néocomien. Wassy (Haute-Marne).

Fɪɢ. 5. — **Aetostreon aquilinum.** Lᴇʏᴍᴇʀɪᴇ, sp. — Valve gauche d'un individu adulte, de forme allongée, vue par sa face externe.

Néocomien. Wassy (Haute-Marne).

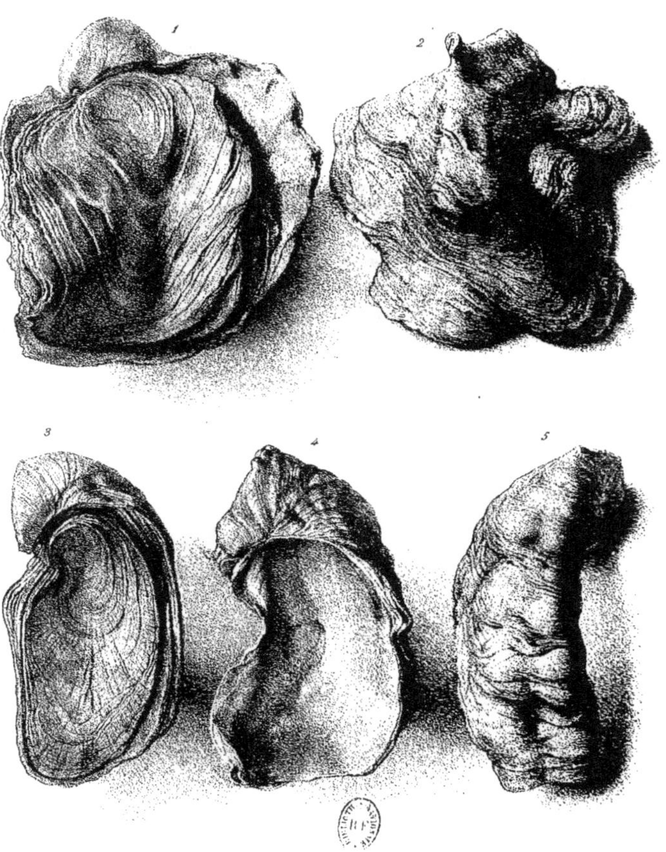

PLANCHE CXLI.

PLANCHE CXLI.

EXPLICATION DES FIGURES.

Fᴵɢ. 1. — **Rhynchostreon vultur.** Cᴏǫᴜᴀɴᴅ, sp. —- Valve gauche d'un individu de la plus grande taille connue, vue par sa face externe. On y distingue les lames d'accroissement à contour sinueux, les grosses côtes irrégulières et épineuses caractéristiques de cette espèce.

Craie inférieure (marnes à Ostracées). Bonneuil-Matours (Vienne).

Fᴵɢ. 2. — La même valve, vue du côté postérieur, montrant sa forme très-convexe.

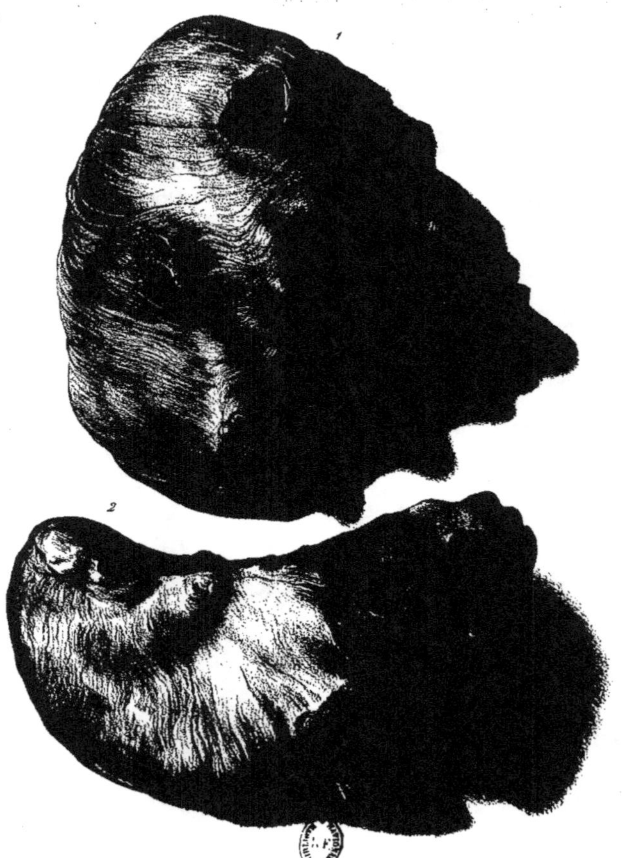

PLANCHE CXLII.

EXPLICATION DES FIGURES.

Fig. 1. — **Exogyra Trigeri.** Coquand, sp. — Valve gauche d'un individu adulte, vue par sa face externe. Elle montre ses lames externes nombreuses et irrégulièrement ondulées.

Craie inférieure. Le Mans (Sarthe).

Fig. 2. — La même, vue par sa face interne. On y distingue la large impression du muscle postérieur ainsi que la fossette étroite et très-oblique du ligament.

PLANCHE CXLIII.

EXPLICATION DES FIGURES.

Fig. 1. — **Actinostreon Syphax.** Coquand, sp. — Individu de taille moyenne, dont la région cardinale présente une oreillette très-développée.

  Craie inférieure. Vallon de Ténoukla, près de Tébessa (département de Constantine).

Fig. 2. — **Actinostreon Syphax.** Coquand, sp. — Autre individu plus jeune, montrant la valve droite.

  Craie inférieure. Vallon de Ténoukla, près de Tébessa (département de Constantine).

Fig. 3. — Le même, vu par la surface externe de la valve gauche.

PLANCHE CXLIV.

PLANCHE CXLIV.

EXPLICATION DES FIGURES.

Fig. 1. — **Lopha flabelloides.** Lamarck, sp. — Jeune individu bivalve, dans lequel les côtes irrégulièrement bifides naissent à une certaine distance du bord cardinal.

Oxfordclay. Villers (Calvados).

Fig. 2. — **Lopha flabelloides.** Lamarck, sp. — Intérieur de la valve droite d'un individu adulte, montrant la large impression, presque superficielle, du muscle postérieur et la fossette du ligament dirigée dans le sens de l'axe dorso-ventral.

Oxfordclay. Villers (Calvados).

Fig. 3. — **Lopha flabelloides.** Lamarck, sp. — Individu adulte, dans lequel les côtes n'apparaissent que sur le bord, la région cardinale offrant une large surface lisse.

Oxfordclay. Villers (Calvados).

Fig. 4. — **Lopha flabelloides.** Lamarck, sp. — Jeune individu, dans lequel les côtes irrégulièrement bifides naissent à partir du crochet.

Oxfordclay. Villers (Calvados).

Dessiné d'ap. nat. et lith. par N. H. Jacob.   Imp. Lemercier et C.ie Paris.

PLANCHE CXLV.

PLANCHE CXLV.

EXPLICATION DES FIGURES.

Fig. 1. — **Lopha sarthacensis.** Bayle. — Valve droite d'un individu adulte, vue à l'extérieur. On voit que sur le bord postérieur les plis sont plus gros et moins nombreux que sur le côté antérieur.

    Craie inférieure. Yvré-l'Évêque (Sarthe).

Fig. 2. — **Lopha sarthacensis.** Bayle. — Intérieur de la valve droite d'un jeune individu, montrant la large et très-profonde surface d'insertion du muscle postérieur.

    Craie inférieure. Yvré-l'Évêque (Sarthe).

Fig. 3. — La même valve, vue à l'extérieur. On remarque l'inégalité des plis dont sa surface est ornée.

Dessiné d'ap.nat et lith. par N.H.Jacob

Imp. Lemercier et C.ie Paris

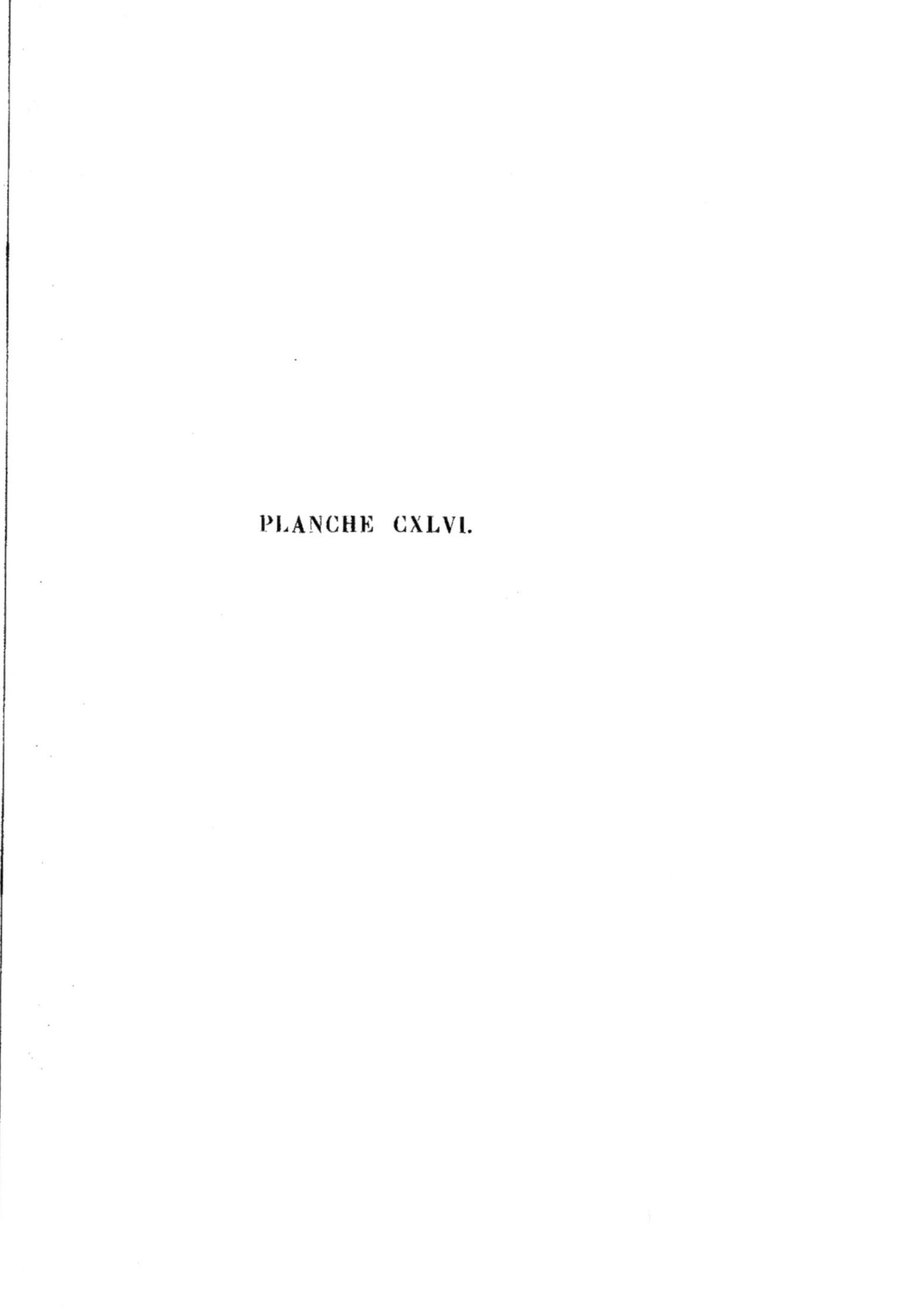

PLANCHE CXLVI.

PLANCHE CXLVI.

EXPLICATION DES FIGURES.

FIG. 1. — **Alectryonia Zeilleri**. BAYLE. — Individu adulte de grande taille, vu par la surface externe de la valve gauche.

Craie blanche. Malberchie, près de La Valette (Charente).

FIG. 2. — **Alectryonia Zeilleri**. BAYLE. — Valve droite d'un individu adulte montrant sa face interne. On distingue l'impression du muscle postérieur, triangulaire et très-rapproché du bord, ainsi que la fossette triangulaire du ligament perpendiculaire à la ligne cardinale.

Craie blanche. Malberchie, près de La Valette (Charente).

FIG. 3. — **Alectryonia Zeilleri**. BAYLE. — Jeune individu montrant la valve gauche, remarquable par l'expansion aliforme du bord cardinal du côté postérieur.

Craie blanche. Malberchie, près de La Valette (Charente).

FIG. 4. — Le même, vu par la surface externe de la valve droite. On y observe le contournement du crochet.

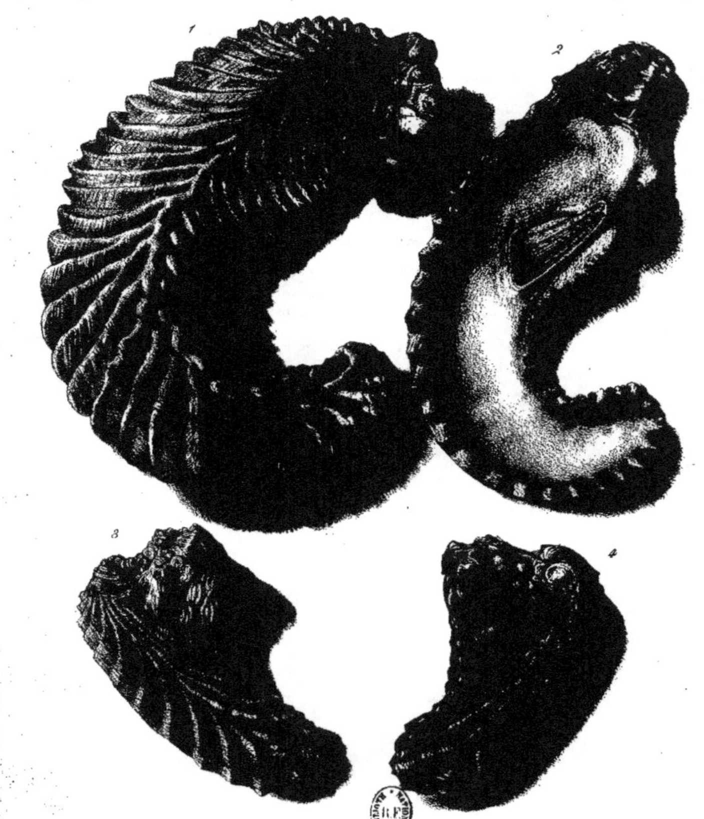

Dessiné d'ap. nat. et lith. par N.H.Jacob

Imp. Lemercier & Cie Paris

PLANCHE CXLVII.

EXPLICATION DES FIGURES.

F_{IG}. 1. — **Alectryonia carinata.** LAMARCK, sp. — Individu de la plus grande taille connue, disposé pour montrer l'aplatissement antéro-postérieur des valves. On voit également la région cardinale.

Craie inférieure. Le Mans (Sarthe).

F_{IG}. 2. — Le même, montrant la valve gauche. Au milieu de cette valve, depuis le crochet jusqu'à son extrémité, on voit une zone d'où partent de chaque côté des côtes aiguës qui se dirigent normalement vers le contour de la coquille.

F_{IG}. 3. — **Alectryonia carinata.** LAMARCK, sp. — Valve droite d'un jeune individu, vue par la face externe.

Craie inférieure. Le Mans (Sarthe).

F_{IG}. 4. — **Alectryonia carinata.** LAMARCK, sp. — Valve droite d'un autre individu, vue par la face extérieure. Sa courbure est moindre que celle de l'individu représenté par la figure 3.

Craie inférieure. Le Mans (Sarthe).

F_{IG}. 5. — Intérieur de la même valve, montrant l'impression du muscle postérieur très-rapprochée de la région cardinale et les dents aiguës produites sur le pourtour de la valve par les côtes de la surface externe.

F_{IG}. 6. — **Alectryonia carinata.** LAMARCK, sp. — Valve droite d'un jeune individu, vue à l'extérieur.

Craie inférieure. Le Mans (Sarthe).

F_{IG}. 7. — Intérieur de la même valve, montrant la fossette ligamentaire et l'empreinte du muscle postérieur.

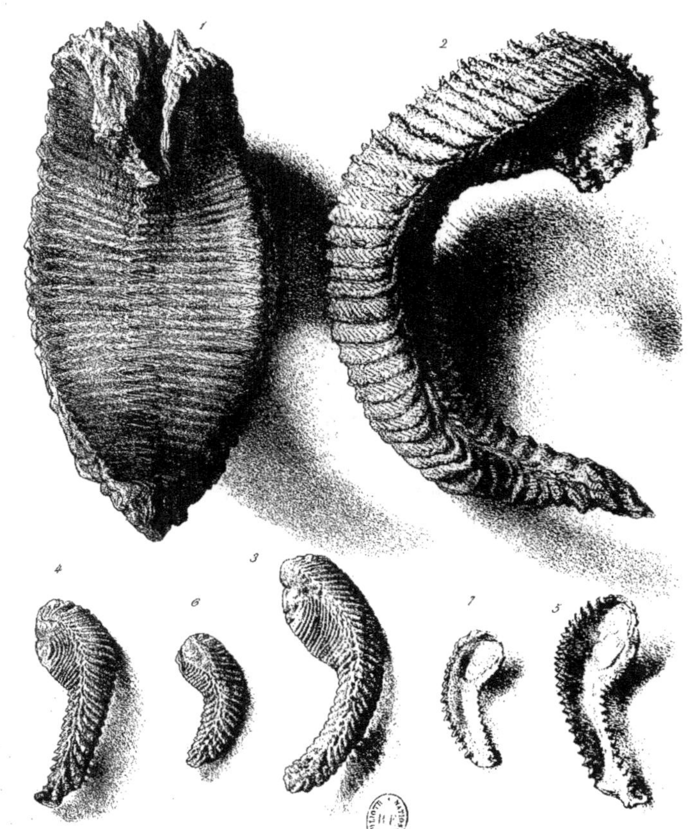

Dessiné d'apr. nat. et lith par N. Rémond

Imp. Lemercier & C.ie Paris

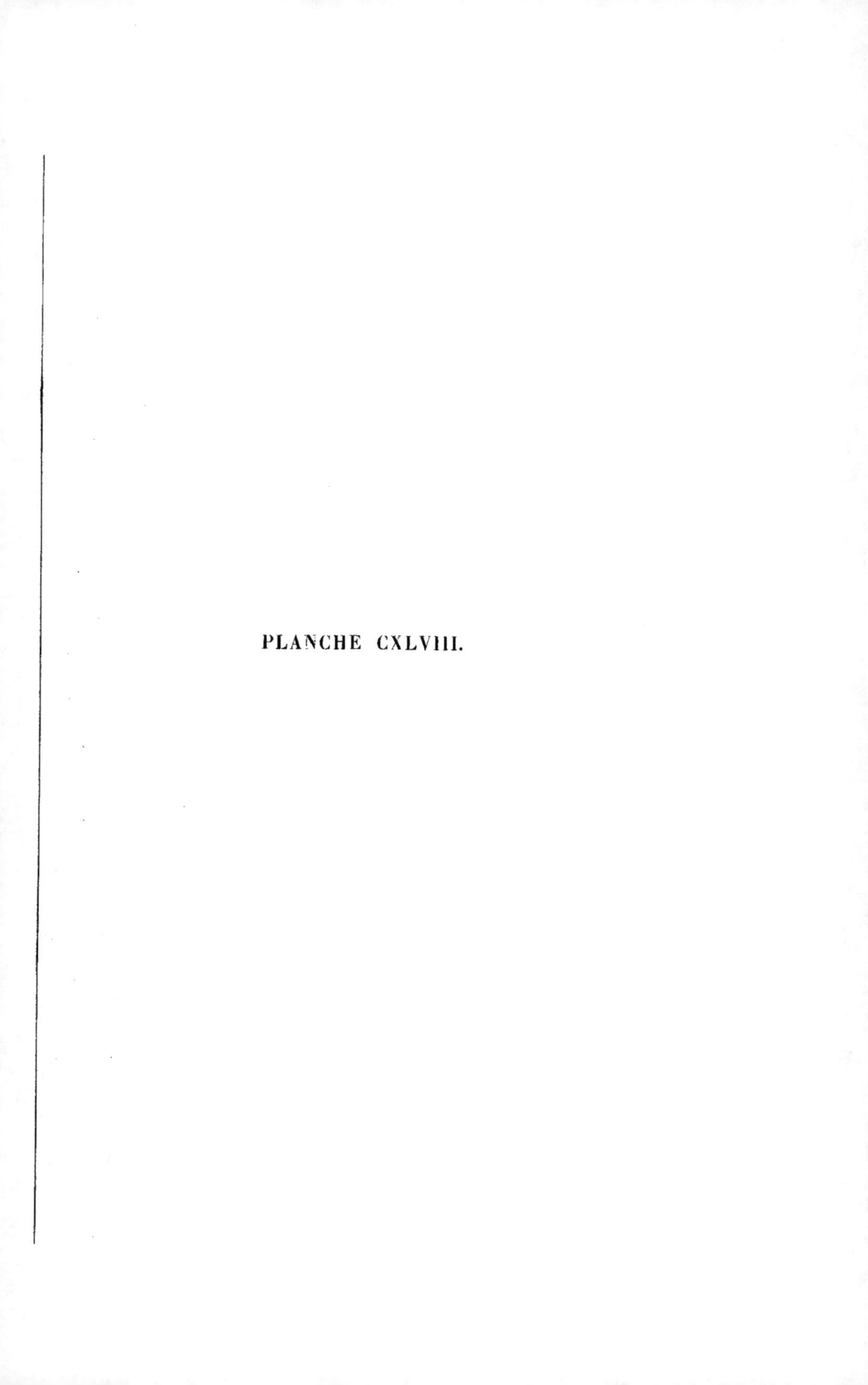

PLANCHE CXLVIII.

PLANCHE CXLVIII.

EXPLICATION DES FIGURES.

FIG. 1. — **Papula sceptrifera**. MANTELL, sp. — Exemplaire dont le test n'est pas bien conservé, remarquable par la présence de neuf radioles qui sont restés en place.

Cet échantillon a été déjà décrit et figuré par M. Cotteau (*Paléont. française; terr. crétacés*, t. VII, pl. MLVIII, fig. 1. 1862).

Craie blanche. Gravesend (Angleterre).

FIG. 2. — **Temnocidaris Baylei**. COTTEAU. — Individu vu par sa face inférieure.

Cet exemplaire, type de l'espèce, a été décrit et figuré en 1863 par M. Cotteau (*Paléont. française; terr. crétacés*, t. VII, pl. MLXXXVII et MLXXXVII *bis*, fig. 1).

Craie supérieure. Ribérac (Dordogne).

FIG. 3. — Le même, vu par sa face supérieure; les pièces de l'appareil apicial ont disparu.

Dessiné d'ap. nat. et lith. par N.H. Jacob.

Imp. Lemercier & C.ie Paris.

PLANCHE CXLIX.

PLANCHE CXLIX.

EXPLICATION DES FIGURES.

Fig. 1. — **Clypeus sinuatus.** Leske. — Individu adulte, vu par la face supérieure. Toutes les plaquettes vertébrales et costales sont distinctes.

Grande oolithe. Gravelotte (Moselle).

Fig. 2. — **Clypeus sinuatus.** Leske. — Autre individu, vu par la face inférieure, au centre de laquelle se trouve le péristome.

Grande oolithe. Gravelotte (Moselle).

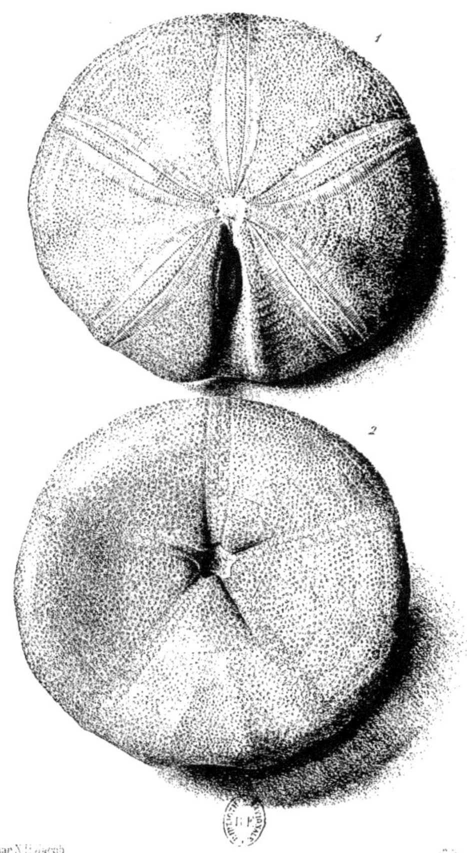

Dessiné d'ap. nat. et lith. par N. Remond Jacob

PLANCHE CL.

PLANCHE CL.

EXPLICATION DES FIGURES.

Fig. 1. — **Pygurus Blumenbachi.** Koch et Dunker, sp. — Individu de la plus grande taille connue, vu par la face supérieure. Les ambulacres pétaloïdes sont très-nettement distincts ainsi que les cinq pores génitaux.

Kimmeridien inférieur (astartien). Tonnerre (Yonne).

Fig. 2. — **Pygurus Blumenbachi.** Koch et Dunker, sp. — Autre individu, vu par la face inférieure. On voit le périprocte et le péristome entouré des cinq bourrelets formés par l'extrémité des aires interambulacraires ou costales.

Kimmeridien inférieur (astartien). Tonnerre (Yonne).

Dessiné d'ap. nat. et lith. par N. il Jacob   imp. Lemercier, à Paris.

PLANCHE CLI.

PLANCHE CLI.

EXPLICATION DES FIGURES.

F_{IG}. 1. — **Pygurus rostratus**. A_{GASSIZ}. — Individu de la plus grande taille connue, vu par la face supérieure. Les plaquettes vertébrales et costales sont nettement visibles, et l'on remarque la forme pétaloïde des ambulacres.

Néocomien inférieur. Métabief (Doubs).

F_{IG}. 2. — **Pygurus rostratus**. A_{GASSIZ}. — Autre individu, vu par la face inférieure, montrant le périprocte et le péristome. Ce dernier est bordé par les cinq bourrelets qui terminent les aires interambulacraires, entre lesquels on voit les floscelles terminaux des aires ambulacraires.

Néocomien inférieur. Sainte-Croix (canton de Vaud).

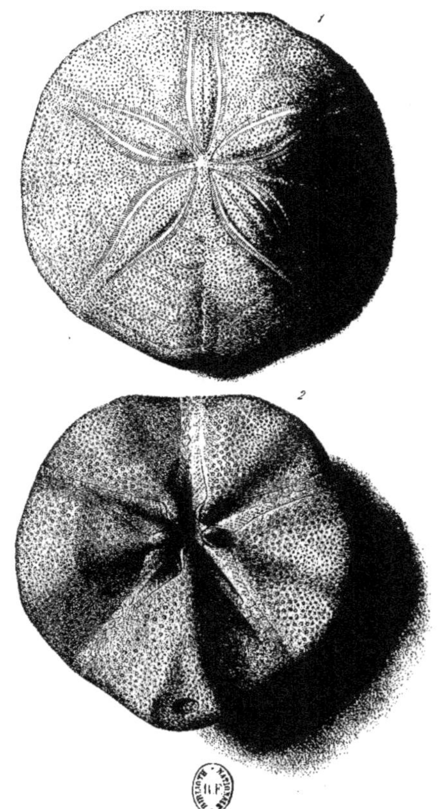

Dessiné d'ap nat et hth par N H Jacob

Imp Lemercier et C.ie Paris

PLANCHE CLII.

PLANCHE CLII.

—

EXPLICATION DES FIGURES.

F_{ig}. 1. — **Spatagoïdes africanus.** D_{eshayes}, sp. — Individu de grande taille, vu par la face supérieure. Les plaquettes vertébrales et costales sont nettement distinctes.

Cet individu a été déjà figuré, en 1849, par M. Bayle, dans l'ouvrage de M. Fournel, intitulé : *Richesse minérale de l'Algérie*, t. I, p. 375, pl. XVIII, fig. 45, 46, 47.

Craie supérieure. El-Outaïa (département de Constantine).

F_{ig}. 2. — Le même, vu de côté pour montrer l'inflexion des aires ambulacraires ou vertébrales.

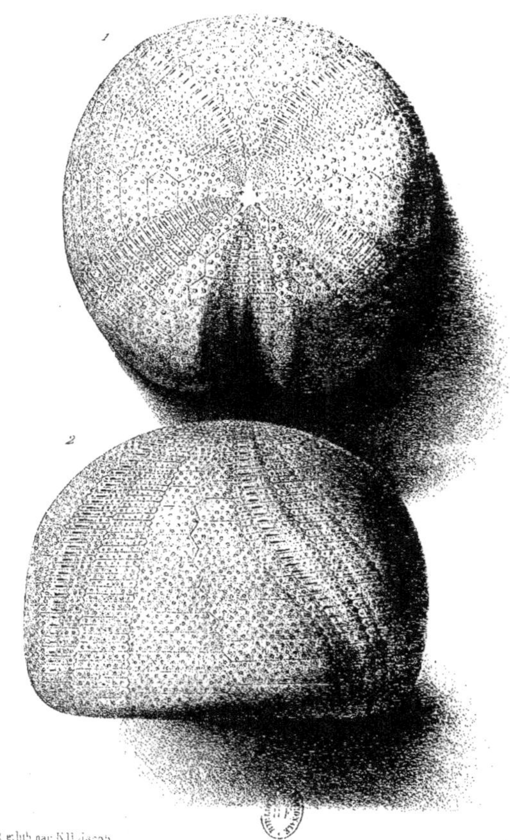

Dessiné d'ap. nat. et lith. par K.H. Jacob.

PLANCHE CLIII.

EXPLICATION DES FIGURES.

Fig. 1. — **Echinocorys vulgaris**. D'Orbigny. — Individu de forme remarquablement ovoïde, vu par la face inférieure. On y distingue le péristome et le périprocte.

Craie blanche. Meudon (Seine-et-Oise).

Fig. 2. — Le même, vu par le sommet pour montrer l'appareil apicial.

Fig. 3. — **Echinocorys vulgaris**. D'Orbigny, sp. — Autre individu d'une forme légèrement conique, vu de côté et montrant la face inférieure.

Craie blanche. Meudon (Seine-et-Oise).

Fig. 4. — Le même, vu de côté, présentant le profil un peu conique de la face supérieure.

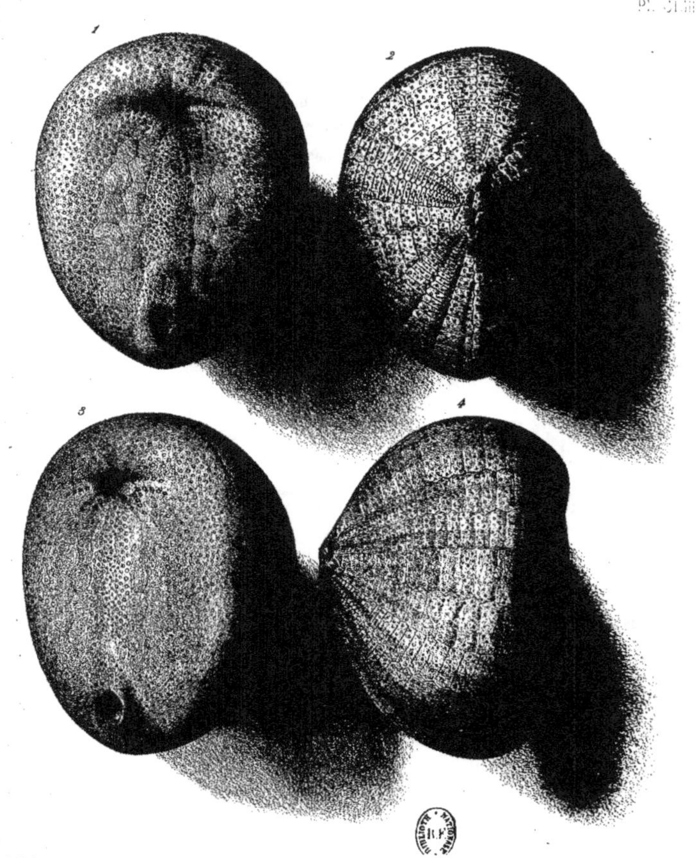

Dessiné d'ap. nat. et lith. par N.H.Jacob

Imp. Lemercier et C.ie, Paris.

PLANCHE CLIV.

PLANCHE CLIV.

EXPLICATION DES FIGURES.

Fig. 1. — **Echinocorys conica.** Agassiz, sp. — Individu vu par le sommet. On remarque la largeur de l'appareil apicial.

> *Craie blanche.* Ciply (Belgique).

Fig. 2. — Le même, vu de côté pour montrer la forme aiguë du sommet.

Fig. 3. — **Echinocorys vulgaris.** D'Orbigny. — Individu d'une forme assez élevée et conique, vu par le sommet.

> *Craie blanche.* Meudon (Seine-et-Oise).

Fig. 4. — Le même, vu de côté. Cet individu ayant été légèrement déformé par la pression, quelques-unes des plaquettes vertébrales et costales ont été déplacées, ce qui permet d'en bien distinguer la forme.

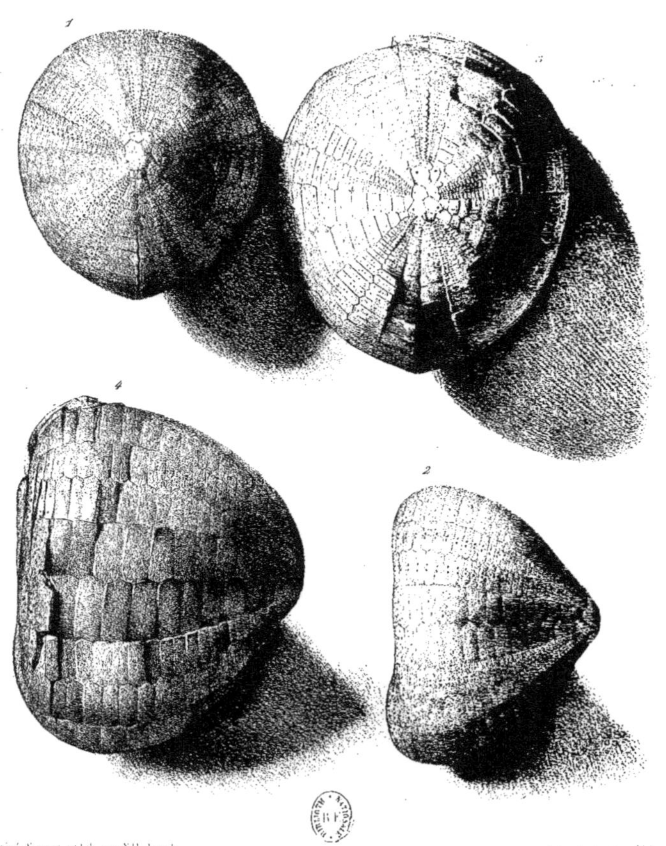

Dessiné d'ap. nat. et lith. par N.H. Jacob.

PLANCHE CLV.

PLANCHE CLV.

EXPLICATION DES FIGURES.

Fig. 1. — **Echinocorys gibba.** Lamarck, sp. — Individu vu de côté pour montrer sa forme sur-
élevée, et rétrécie vers la face inférieure. — Ce magnifique exemplaire, faisant partie
de la collection Michelin, acquise en 1853 par l'État pour l'École des mines, provient
d'une localité inconnue.

Fig. 2. — Le même, vu par la face supérieure. L'appareil apicial et toutes les plaquettes vertébrales
et costales sont distincts.

Fig. 3. — **Echinocorys carinata.** Defrance, sp. — Individu vu de côté, remarquable par sa forme
conique, très-élevée et comprimée en arrière.
Craie blanche. Brighton (Angleterre).

Fig. 4. — Le même, vu par le sommet. Cette figure montre très-bien la forme comprimée en
arrière.

Dessiné d'ap. nat. et lith. par N.H. Jacob.

Imp. Lemercier et C.ie Paris.

PLANCHE CLVI.

PLANCHE CLVI.

EXPLICATION DES FIGURES.

FIG. 1. — **Spatangus decipiens**. BAYLE. — Individu de grande taille, vu par la face supérieure. L'appareil apicial est très-distinct.

> *Craie blanche*. Fécamp (Seine-Inférieure).

FIG. 2. — **Spatangus decipiens**. BAYLE. — Autre individu, vu par la face inférieure, montrant le péristome, le périprocte et le fasciole sous-anal.

> *Craie blanche*. Fécamp (Seine-Inférieure).

FIG. 3. — **Spatangus Turonensis**. BAYLE. — Individu de grande taille, vu de côté pour montrer le profil de la face supérieure.

> *Craie blanche*. Villedieu (Loir-et-Cher).

FIG. 4. — Le même, vu par la face supérieure.

FIG. 5. — **Spatangus brevis**. DESOR, sp. — Individu remarquable par sa forme arrondie, vu par la face supérieure. On observe les zones porifères larges, composées de plaquettes allongées et assez grêles.

> *Craie marneuse*. Rennes-les-Bains (Aude).

FIG. 6. — **Spatangus brevis**. DESOR, sp. — Autre individu d'une taille plus grande que le précédent et dont le contour est sensiblement polygonal. Les zones porifères sont très-allongées.

> *Craie marneuse*. Rennes-les-Bains (Aude).

Dessiné d'ap. nat. et lith. par N. H. Jacob.

Imp. Lemercier & C.ᵉ Paris.

PLANCHE CLVII.

PLANCHE CLVII.

EXPLICATION DES FIGURES.

FIG. 1. — **Encrinus liliiformis.** LAMARCK. — Individu adulte présentant la tête entière et une portion de la tige. Les plaquettes du calice et des bras sont visibles. On remarque les variations de forme qu'offrent les articulations de la tige en se rapprochant de la base du calice.

Muschelkalk. Erkerode (Allemagne).

FIG. 2. — **Encrinus liliiformis.** LAMARCK. — Autre individu dont la tête est entière et qui montre une portion de la tige. Dans cet individu la surface externe des articulations des bras n'est pas renflée comme dans le précédent; les articulations de la tige sont en outre beaucoup plus étroites et moins irrégulières. Entre ces deux types extrêmes, dont la physionomie est si différente, on connaît une série de formes intermédiaires qui les rattachent l'un à l'autre.

Muschelkalk. Erkerode (Allemagne).

Dessiné d'ap nat et lith. par N.H Jacob.

Imp. Lemercier et Cie Paris.

PLANCHE CLVIII.

EXPLICATION DES FIGURES.

Fig. 3. — **Encrinus liliiformis.** Lamarck. — Individu en partie engagé dans la gangue, dont on voit une portion de cinq bras ouverts, montrant les plaquettes brachiales.
Muschelkalk. Niederbronn (Bas-Rhin).

Fig. 4. — **Encrinus liliiformis.** Lamarck. — Tête complète d'un individu dont six bras visibles sont ouverts. Cet exemplaire appartient au musée de Strasbourg.
Muschelkalk. Niederbronn (Bas-Rhin).

Fig. 5. — **Encrinus liliiformis.** Lamarck. — Tête entière d'un jeune individu dont les bras sont fermés.
Muschelkalk. Erkerode (Allemagne).

Fig. 6. — **Encrinus liliiformis.** Lamarck. — Tête entière d'un jeune individu à bras fermés. On aperçoit à la base du calice la première articulation de la tige.
Muschelkalk. Erkerode (Allemagne).

Fig. 7. — Base du calice du même individu, présentant les trois premières rangées de plaquettes et en son milieu le commencement de la tige.

Fig. 8. — **Encrinus liliiformis.** Lamarck. — Portion de la tige composée de neuf articulations.
Muschelkalk. Erkerode (Allemagne).

Fig. 9. — **Encrinus liliiformis.** Lamarck. — Articulation de la tige, montrant la surface d'insertion avec l'articulation précédente.
Muschelkalk. Erkerode (Allemagne).

Fig. 10. — Portion de tige, déjà représentée figure 9, composée de cinq articulations. En comparant ce fragment de tige avec celui qui est représenté par la figure 8, on voit combien la dimension des articulations est variable dans les différentes parties de la tige de cette espèce de Crinoïde.

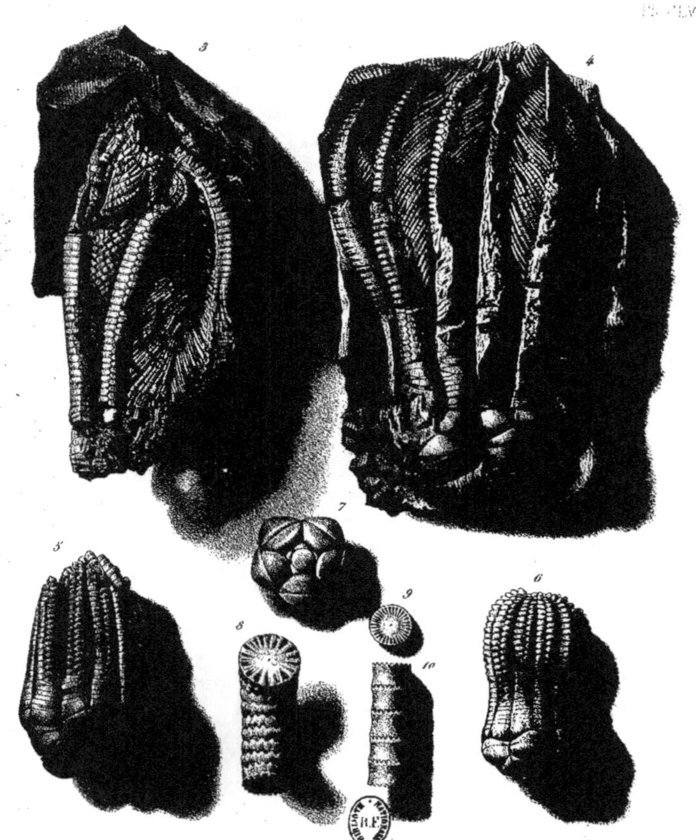

Dessiné d'ap nat.et lith par N.H.Jacob

Imp. Lemercier & Cie Paris

PLANCHE CLIX.

PLANCHE CLIX.

EXPLICATION DES FIGURES.

Fig. 1. — **Calamites Suckowi.** Brongniart. — Fragment de tige de taille moyenne. On voit sur une partie de l'échantillon le moule interne et sur une autre la surface extérieure de l'écorce conservée sous forme d'une mince lame charbonneuse.

Houiller moyen. Mines d'Anzin, fosse Thiers, veine printanière levant (Nord).

Fig. 2. — **Asterocalamites scrobiculatus.** V. Schlotheim, sp. — Fragment de tige de petite dimension, munie de cicatrices ponctiformes aux articulations.

Houiller inférieur (culm). Rougemont (Haut-Rhin).

Fig. 3. — **Asterophyllites equisetiformis.** V. Schlotheim, sp. — Fragment de rameau garni de verticilles de feuilles et de ramules feuillés.

Houiller supérieur. Mines de Commentry (Allier).

Fig. 4. — **Macrostachya carinata.** Germar, sp. — Épi de taille moyenne, en partie conservé à l'état d'une lame de charbon assez épaisse; sur une partie de l'échantillon il ne reste que le moule externe.

Houiller supérieur. Mines de Carmaux (Tarn).

N. B. Ces figures ont été dessinées directement sur la pierre, sans le secours du miroir, et sont par conséquent inverses des échantillons eux-mêmes.

Dessiné d'ap. nat. et lith. par H. Formant

Imp. Lemercier et Cie, Paris.

PLANCHE CLX.

EXPLICATION DES FIGURES.

Fig. 1. — **Annularia radiata.** Brongniart, sp. — Fragment d'une plaque présentant plusieurs verticilles de feuilles.

Houiller moyen. Mines de Vicoigne, fosse n° 2, veine Sainte-Victoire (Nord).

Fig. 2. — **Annularia stellata.** V. Schlotheim, sp. — Fragment de rameau portant trois verticilles de feuilles.

Houiller supérieur. Mines de Saint-Pierre-Lacour (Mayenne).

Fig. 3. — **Annularia stellata.** V. Schlotheim, sp. — Fragment de tige, portant à chaque articulation deux rameaux opposés, munis chacun de plusieurs verticilles de feuilles

Houiller supérieur. Mines d'Ahun (Creuse).

Fig. 4. — **Annularia sphenophylloides.** Zenker, sp. — Portion d'une grande plaque portant divers fragments de rameaux, munis de verticilles de feuilles et de rameaux secondaires.

Houiller moyen (couches supérieures). Mines de Lens, fosse n° 2, veine Arago (Pas-de-Calais).

N. B. Les figures 2, 3 et 4 ont été dessinées directement sur la pierre, sans le secours du miroir, et sont, par conséquent, inverses des échantillons eux-mêmes.

PLANCHE CLXI.

PLANCHE CLXI.

—

EXPLICATION DES FIGURES.

Fig. 1. — **Sphenophyllum cuneifolium.** V. Sternberg, sp. — Fragments de rameaux portant des verticilles de feuilles, et verticilles isolés.

  Houiller moyen. Mines de Liévin, fosse n° 3 (Pas-de-Calais).

Fig. 2. — Feuille grossie du même échantillon, montrant le détail de la nervation.

Fig. 3. — **Sphenophyllum saxifragæfolium.** V. Sternberg, sp. — Fragment de tige, portant un rameau inséré à l'une des articulations.

  Houiller moyen. Mines d'Anzin, fosse Casimir-Périer, 3° veine du Nord (Nord).

Fig. 4. — **Sphenophyllum saxifragæfolium.** V. Sternberg, sp. — Fragment de rameau, avec un verticille de feuilles.

  Houiller moyen. Mines d'Anzin, fosse Casimir-Périer, 3° veine du Nord (Nord).

Fig. 5. — Feuille grossie du même échantillon, montrant le détail de la nervation.

Fig. 6. — **Sphenophyllum saxifragæfolium.** V. Sternberg, sp. — Sommet d'un rameau, garni de nombreux verticilles de feuilles.

  Houiller moyen. Mines d'Anzin, fosse Casimir-Périer, 3° veine du Nord (Nord).

Fig. 7. — **Sphenophyllum oblongifolium.** Germar et Kaulfuss, sp. — Fragment de rameau portant plusieurs verticilles de feuilles.

  Houiller supérieur. Mines de Saint-Pierre-Lacour (Mayenne).

Fig. 8. — Feuille grossie du même échantillon, montrant le détail de la nervation.

Fig. 9. — **Sphenophyllum Thoni.** Maur. — Fragments de rameaux portant plusieurs verticilles de feuilles; l'un de ces rameaux porte un ramule, naissant à l'articulation.

  Houiller supérieur. Mines de Saint-Pierre-Lacour (Mayenne).

N. B. Même observation que pour la planche CLIX.

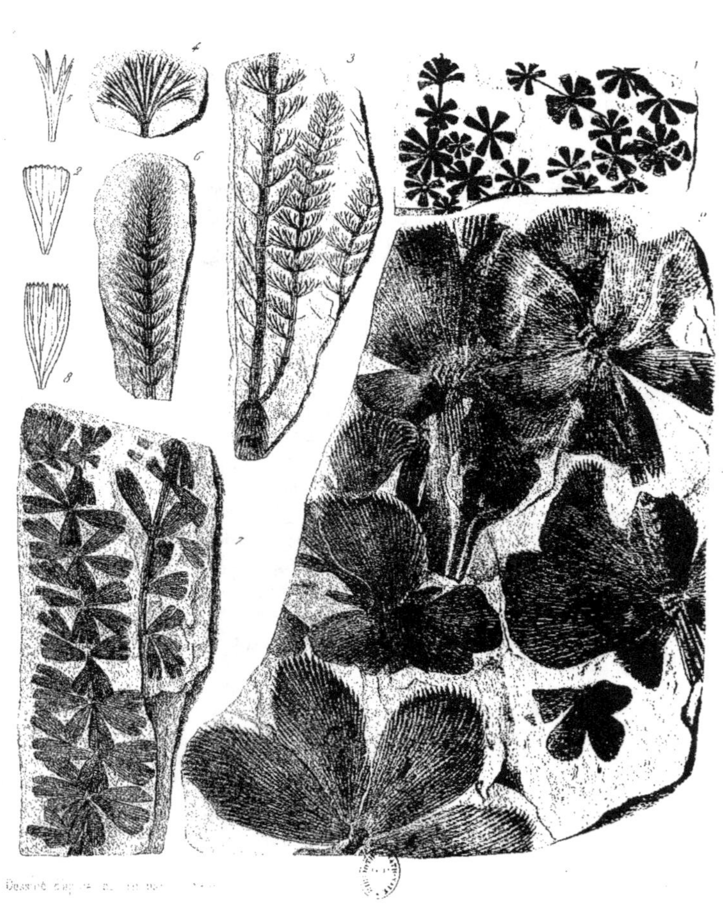

PLANCHE CLXII.

PLANCHE CLXII.

EXPLICATION DES FIGURES.

Fig. 1. — **Sphenopteris obtusiloba.** Brongniart. — Fragment d'une penne primaire, portant plusieurs pennes secondaires, la plupart simplement pinnées, quelques-unes bipinnées à la base.

    Houiller moyen. Mines de Grenay, fosse n° 5, veine Saint-Alexis (Pas-de-Calais).

Fig. 2. — Pinnule grossie du même échantillon, montrant le détail de la nervation.

Fig. 3. — **Sphenopteris furcata.** Brongniart. — Fragments de pennes.

    Houiller moyen. Mines d'Anzin, fosse Renard, veine Président (Nord).

Fig. 4. — **Sphenopteris Hœninghausi.** Brongniart. — Fragment de fronde portant trois pennes primaires.

    Houiller moyen. Mines de Vieux-Condé, fosse Léonard, veine Neuf-Paumes levant (Nord).

Fig. 5. — Pinnule grossie du même échantillon, montrant le détail de la nervation.

    N. B. Même observation que pour la planche CLIX.

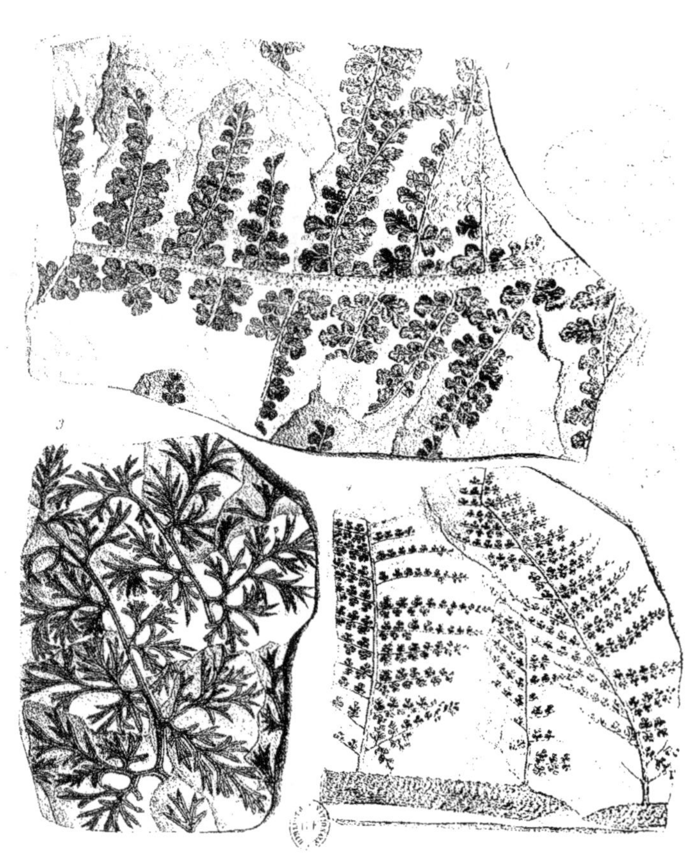

PLANCHE CLXIII.

PLANCHE CLXIII.

EXPLICATION DES FIGURES.

F_{IG}. 1. — **Alethopteris Serli**. BRONGNIART, sp. — Fragment de penne, montrant trois pennes secondaires.

Houiller moyen. Mines de Grenay, fosse n° 3, veine Désiré (Pas-de-Calais).

F_{IG}. 2 — Pinnule grossie du même échantillon, montrant le détail de la nervation.

F_{IG}. 3. — **Alethopteris Mantelli**. BRONGNIART, sp. — Fragment de penne, montrant l'extrémité simplement pinnée, garnie de longues pinnules, et la partie moyenne bipinnée, divisée en pennes garnies de pinnules plus petites.

Houiller moyen. Mines de Meurchin, fosse n° 1, grande veine (Pas-de-Calais).

F_{IG}. 4. — Pinnule moyenne et pinnules extrêmes d'une penne du même échantillon, grossies pour montrer le détail de la nervation.

N. B. Même observation que pour la planche CLIX.

Dessiné d'après nature et lith. par E. Formant.

PLANCHE CLXIV.

PLANCHE CLXIV.

———

EXPLICATION DES FIGURES.

Fig. 1. — **Nevropteris heterophylla.** Brongniart. — Fragment d'une grande plaque présentant l'empreinte de l'extrémité d'une penne, sur laquelle on voit les divisions supérieures simplement pinnées, garnies de grandes pinnules, et les divisions inférieures bipinnées, garnies de pinnules beaucoup plus petites.

Houiller moyen. Mines de Meurchin, fosse n° 1, veine n° 2 (Pas-de-Calais).

Fig. 2. — **Nevropteris heterophylla.** Brongniart. — Pinnule de petite taille, grossie pour montrer le détail de la nervation.

Houiller moyen. Mines de Lens, fosse n° 1, veine Ernestine (Pas-de-Calais).

N. B. Même observation que pour la planche CLIX.

Pl. CLXIV.
1
2

PLANCHE CLXV.

PLANCHE CLXV.

EXPLICATION DES FIGURES.

FIG. 1. — **Dictyopteris sub-Brongniarti.** GRAND'EVRY. — Fragment de fronde sur lequel on voit
le rachis garni, entre les pennes, de pinnules orbiculaires ou triangulaires.
Houiller moyen. Mines de Lens, fosse n° 2, veine Du Souich (Pas-de-Calais).

FIG. 2. — **Dictyopteris sub-Brongniarti.** GRAND'EVRY. — Pinnule détachée, grossie pour montrer
le détail de la nervation.
Houiller moyen. Mines de Lens, fosse n° 4, veine Théodore (Pas-de-Calais).

FIG. 3. — **Lonchopteris Bricii.** BRONGNIART. — Fragment de penne, montrant vers la base une
pinnule lobée indiquant que plus bas la penne devait être bipinnée.
Houiller moyen. Mines d'Aniche (Nord).

FIG. 4. — Pinnules grossies du même échantillon, montrant le détail de la nervation.

Dessiné d'ap. nat. et lith. par C. Cuisin.

Imp. Lemercier & Cⁱᵉ Paris.

PLANCHE CLXVI.

PLANCHE CLXVI.

EXPLICATION DES FIGURES.

Fig. 1. — **Odontopteris Reichiana.** Gutbier. — Fragment d'une penne primaire, portant du côté
supérieur des pennes simplement pinnées, du côté inférieur des pennes bipinnées,
et entre celles-ci des pennes simplement pinnées. On voit, en travers de ce fragment de penne, un fragment d'une penne secondaire bipinnée, qui en cache une
partie.

    Houiller supérieur. Mines de Roche-la-Molière (Loire).

Fig. 2. — Pinnule grossie du même échantillon, montrant le détail de la nervation.

Fig. 3. — **Callipteridium ovatum.** Brongniart, sp. — Empreinte d'un fragment de penne primaire, portant plusieurs pinnules fixées directement sur le rachis principal.

    Houiller supérieur. Mines d'Ahun, puits Francis-Robert (Creuse).

Fig. 4. — Pinnule grossie du même échantillon, montrant le détail de la nervation.

Fig. 5. — **Pecopteris arguta.** V. Sternberg. — Fragment d'une penne primaire.

    Houiller supérieur. Grosmesnil (Haute-Loire).

Fig. 6. — Portion grossie d'une penne secondaire du même, montrant la soudure des pinnules à
leur base et le détail de la nervation.

Dessiné d'ap. nat. et lith. par C. Cuisin

Imp. Lemercier et Cie Paris

PLANCHE CLXVII.

PLANCHE CLXVII.

EXPLICATION DES FIGURES.

Fig. 1. — **Mariopteris nervosa.** Brongniart, sp. — Extrémité d'une penne, encore bipinnée du côté inférieur, et simplement pinnée vers le sommet par suite de la soudure complète des pinnules.

  Houiller moyen. Mines de Courrières, fosse n° 4, veine Augustine (Pas-de-Calais).

Fig. 2. — **Mariopteris nervosa.** Brongniart, sp. — Partie moyenne d'une penne, bipinnée dans toute son étendue.

  Houiller moyen. Mines de Liévin, fosse n° 5 (Pas-de-Calais).

Fig. 3. — Pinnule basilaire d'une des pennes secondaires du même échantillon, grossie pour bien montrer sa forme bilobée, ainsi que le détail de la nervation.

Fig. 4. — Pinnules moyennes du même, grossies pour montrer le détail de la nervation.

Fig. 5. — **Mariopteris muricata.** V. Schlotheim, sp. — Fragment de fronde, montrant le rachis divisé deux fois par bifurcation, et les pennes inférieures munies à leur base d'une longue pinnule pinnatifide.

  Houiller moyen. Mines de Carvin, fosse n° 3, veine n° 3 (Pas-de-Calais).

Fig. 6. — **Callipteris gigantea.** V. Schlotheim, sp. — Fragment de fronde, montrant le rachis principal garni de pinnules faisant suite à celles des pennes.

  Permien inférieur. Val-de-Villé (Alsace).

Fig. 7. — Pinnule du même échantillon, grossie pour montrer le détail de la nervation.

 N. B. Même observation que pour la planche CLIX.

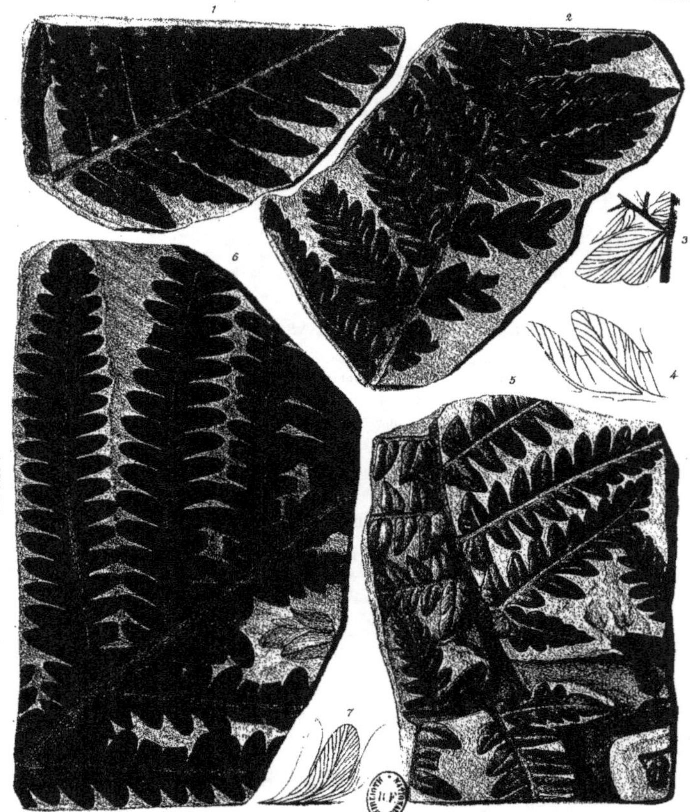

Dessiné d'ap. nat. et lith. par H. Formant.

Imp. Lemercier et Cie, Paris

PLANCHE CLXVIII.

EXPLICATION DES FIGURES.

Fig. 1. — **Pecopteris Pluckeneti**. V. Schlotheim, sp. — Fragment de fronde, montrant la variation de forme des pinnules, à cinq lobes sur les pennes inférieures, entières sur les pennes supérieures.

Houiller supérieur. Mines de Carmaux (Tarn).

Fig. 2. — **Pecopteris Pluckeneti**. V. Schlotheim, sp. — Pinnule d'un autre échantillon, grossie pour montrer le détail de la nervation.

Houiller supérieur. Mines de Carmaux (Tarn).

Fig. 3. — **Pecopteris dentata**. Brongniart. — Fragment d'une grande plaque, présentant l'empreinte des pennes inférieures d'une fronde.

Houiller supérieur. Mines d'Alais (Gard).

Fig. 4. — Pinnule du même échantillon, située vers la base d'une penne, et grossie pour montrer ses lobes et le détail de sa nervation.

N. B. Même observation que pour la planche CLIX.

Dessiné d'ap nat et lith par H Formant.

Imp Lemercier et Cie Paris

PLANCHE CLXIX.

EXPLICATION DES FIGURES.

FIG. 1. — **Pecopteris polymorpha.** BRONGNIART. — Fragment d'une penne stérile, appartenant à la partie inférieure d'une fronde.

   Houiller supérieur. Mines d'Ahun (Creuse).

FIG. 2. — Pinnule grossie du même échantillon, montrant le détail de la nervation.

FIG. 3. — **Pecopteris polymorpha.** BRONGNIART. — Petit fragment d'une penne fertile; on voit la face inférieure des pinnules entièrement garnie de longues capsules aiguës, associées par quatre.

   Houiller supérieur. Mines d'Ahun (Creuse).

FIG. 4. — **Pecopteris arborescens.** V. SCHLOTHEIM, sp. — Fragment d'une penne stérile.

   Houiller supérieur. Saint-Priest, près de Saint-Étienne (Loire).

FIG. 5. — **Pecopteris cyathea.** V. SCHLOTHEIM, sp. — Fragment d'une penne stérile.

   Houiller supérieur. Mines de Beaubrun (Loire).

FIG. 6. — Pinnule de dimension moyenne, du même échantillon, grossie pour montrer le détail de la nervation.

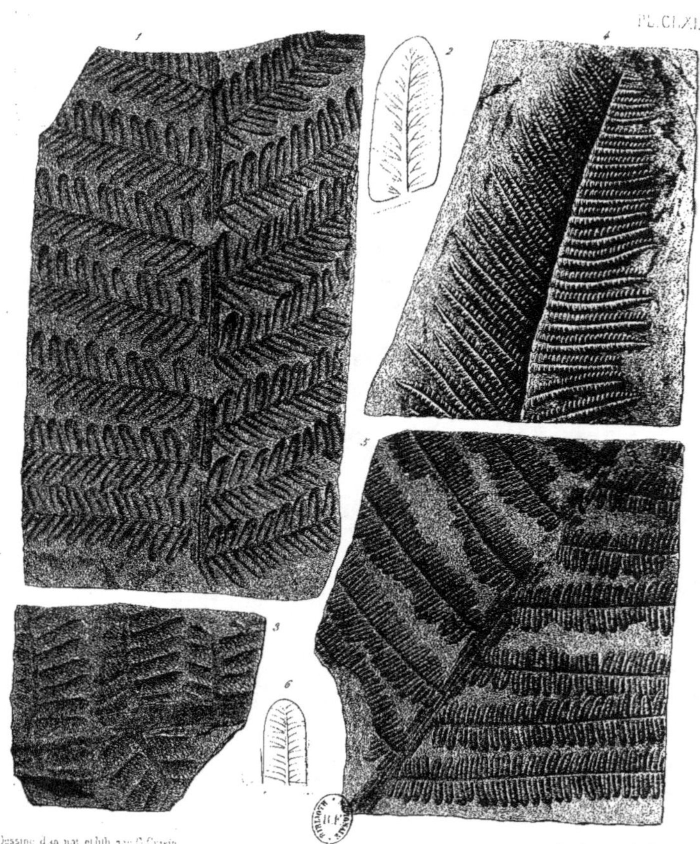

1
2
4
Pl.CLXIX
5
3
6

PLANCHE CLXX.

PLANCHE CLXX.

EXPLICATION DES FIGURES.

Fig. 1. — **Caulopteris Baylei**. Zeiller. — Fragment d'une plaque présentant l'empreinte d'une portion de tronc munie de grandes cicatrices arrondies. On voit nettement la trace des deux faisceaux vasculaires, l'un fermé, de forme circulaire, l'autre en forme de v très-ouvert; entre les cicatrices on remarque, sur l'écorce, des tubercules correspondant aux racines adventives.

Houiller supérieur. Mines de Saint-Pierre-Lacour (Mayenne).

Fig. 2. — **Ptychopteris macrodiscus**. Brongniart, sp. — Fragment de tronc présentant plusieurs cicatrices allongées, à demi effacées par l'impression des radicules adventives.

Houiller supérieur. Mines d'Ahun (Creuse).

Fig. 3. — **Megaphyton Souichi**. Zeiller. — Empreinte d'un fragment de tronc présentant deux grandes cicatrices et sillonné de chaque côté de nombreuses radicules adventives.

Houiller moyen. Mines d'Anzin, fosse Chaufour, moyenne veine (Nord).

PLANCHE CLXXI.

PLANCHE CLXXI.

EXPLICATION DE LA FIGURE.

FIG. 1. — **Lepidodendron lycopodioides.** V. STERNBERG. — Fragment de tronc garni de feuilles et portant deux rameaux feuillés, dont chacun se bifurque plusieurs fois.

Houiller moyen. Mines de Raismes, fosse Bleuse-Borne. veine Décadi (Nord).

N. B. Même observation que pour la planche CLIX.

Dessiné d'ap. nat. et lith. par H. Formant

Imp. Lemercier et Cⁱᵉ Paris

PLANCHE CLXXII.

PLANCHE CLXXII.

EXPLICATION DES FIGURES.

Fig. 1. — **Lepidodendron dichotomum.** V. Sternberg. — Empreinte d'un fragment de tronc, présentant encore quelques traces de la couche corticale externe, conservée sous forme de mince pellicule charbonneuse.

 Houiller moyen. Mines d'Anzin, fosse Bonne-Part, veine Rapuroir couchant (Nord).

Fig. 2. — **Lepidodendron gracile.** Lindley et Hutton. — Fragment de rameau portant à son extrémité un cône de fructification.

 Houiller moyen. Mines de Meurchin, fosse n° 1, veine n° 1 (Pas-de-Calais).

Fig. 3. — **Lepidodendron Veltheimianum.** V. Sternberg. — Empreinte d'un fragment de tronc.

 Houiller inférieur (culm). Bitschweiler, près de Thann (Alsace).

Fig. 4. — Portion grossie du même échantillon, montrant le détail des cicatrices.

Fig. 5. — **Lepidophloios laricinus.** V. Sternberg. Empreinte d'un fragment de tronc.

 Houiller moyen. Mines de Marles, fosse n° 3, veine Sainte-Eugénie (Pas-de-Calais).

Fig. 6. — Portion grossie du même échantillon, montrant le détail des cicatrices.

N. B. Même observation que pour la planche CLIX.

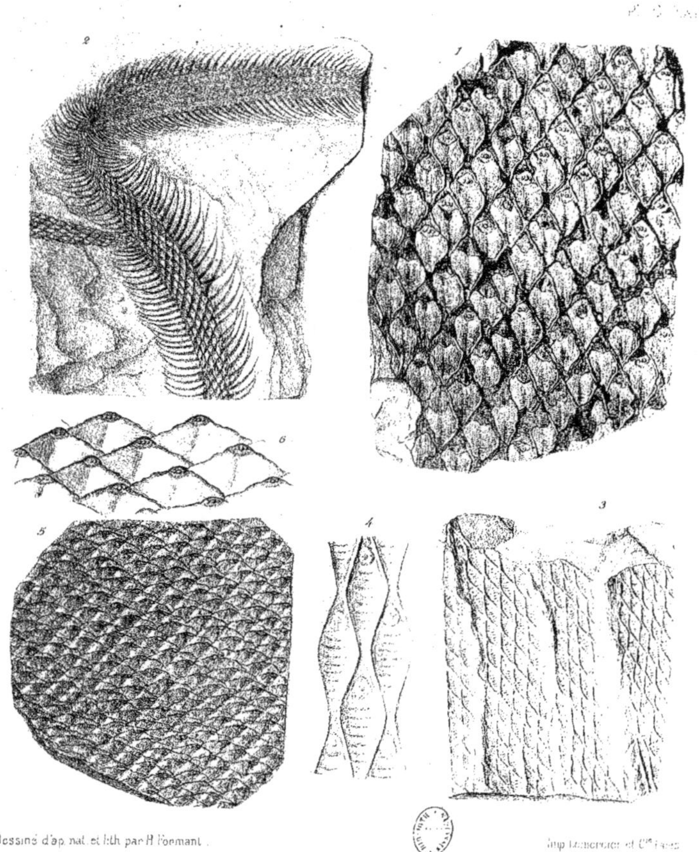

Dessiné d'ap. nat. et lith. par H. Formant.

Imp. Lemercier et Cie Paris.

PLANCHE CLXXIII.

PLANCHE CLXXIII.

EXPLICATION DES FIGURES.

Fig. 1. — **Sigillaria elliptica.** Brongniart. — Empreinte d'un fragment de tronc, présentant, entre les côtes qui portent les cicatrices foliaires, des cicatrices allongées, munies à l'intérieur d'une cicatricule, et correspondant sans doute à des radicules adventives.

Houiller moyen. Mines d'Anzin, fosse Renard, veine Mark (Nord).

Fig. 2. — **Sigillaria tessellata.** Brongniart. — Fragment d'une grande plaque présentant l'empreinte d'un tronc sur lequel on remarque, à une certaine hauteur, plusieurs séries de cicatrices de forme spéciale, munies au centre d'une cicatricule, et placées entre les côtes qui portent les cicatrices foliaires; ces cicatrices correspondent sans doute à des radicules adventives.

Houiller moyen. Mines de Ferfay, fosse n° 1, veine Espérance (Pas-de-Calais).

Fig. 3. — **Sigillaria rugosa.** Brongniart. — Empreinte d'un fragment de tronc.

Houiller moyen. Mines de Raismes, fosse Bleuse-Borne, dure veine (Nord).

Fig. 4. — **Stigmaria ficoides,** var. **minor.** Geinitz. — Empreinte d'un fragment de branche portant plusieurs radicules encore attachées.

Houiller moyen. Mines de Raismes, fosse Bleuse-Borne. veine Grande-Passée (Nord).

N. B. Même observation que pour la planche CLIX.

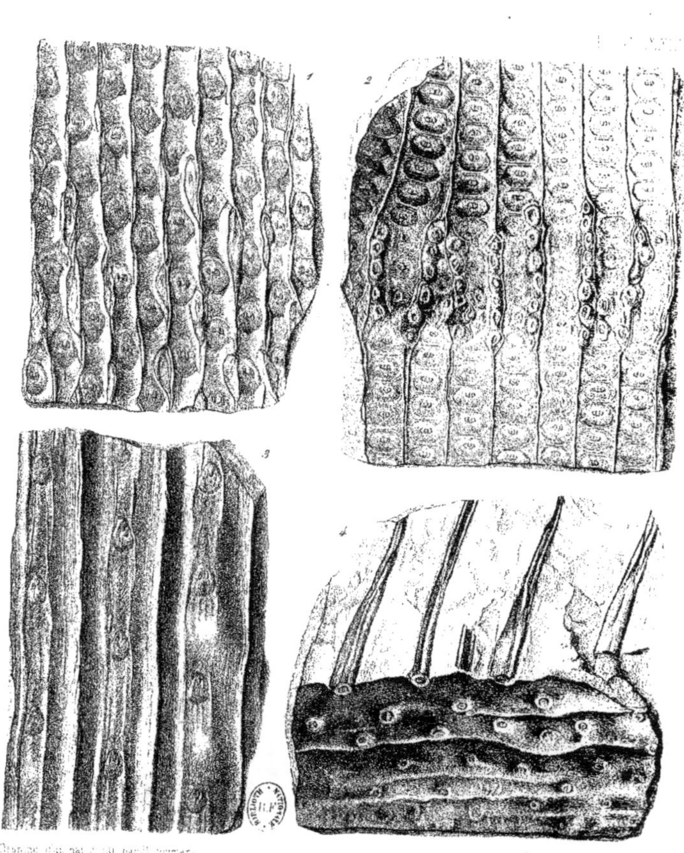

PLANCHE CLXXIV.

EXPLICATION DES FIGURES.

Fig. 1. — **Sigillaria Brardi.** Brongniart. — Empreinte d'un fragment de tronc, présentant, à une certaine hauteur, une série de grandes cicatrices polygonales, marquées au centre d'une cicatrice vasculaire, et correspondant sans doute à des insertions de rameaux ; on remarque qu'au-dessus de cette ligne de cicatrices les cicatrices foliaires sont beaucoup moins rapprochées qu'au-dessous.

Houiller supérieur. Mines de la Machine, près de Decize (Nièvre).

Fig. 2. — **Sigillaria rhomboidea.** Brongniart. — Empreinte d'un fragment de tronc, montrant les stries particulières que présente l'écorce entre les cicatrices foliaires.

Houiller supérieur. Mines de Carmaux (Tarn).

Fig. 3. — **Calamodendron cruciatum.** Sternberg, sp. — Fragment de tige, sur lequel on voit une partie de l'écorce, presque lisse, munie de cicatrices raméales, disposées en quinconce. Le reste de l'échantillon présente le moule interne de la couche corticale, avec des côtes beaucoup plus accusées, convergeant vers les points d'insertion des rameaux.

Houiller supérieur. Mines de la Machine, près de Decize (Nièvre).

Fig. 4. — **Sigillaria Cortei.** Brongniart. — Empreinte d'un fragment de tronc ; à la partie supérieure on voit une portion de l'écorce conservée sous forme de lame charbonneuse épaisse.

Houiller moyen. Mines d'Anzin, fosse Renard, veine Paul (Nord).

N. B. Même observation que pour la planche CLIX.

PLANCHE CLXXV.

EXPLICATION DES FIGURES.

Fig. 1. — **Poacordaites microstachys.** Goldenberg, sp. — Fragment de rameau encore garni de ses feuilles et portant à l'aisselle de l'une d'elles un petit épi floral.

Houiller supérieur. Mines d'Ahun, puits Francis-Robert (Creuse).

Fig. 2. — **Cordaites angulosostriatus.** Grand'Eury. — Fragment d'un gros rameau encore garni de ses feuilles, brisées à peu de distance de leur point d'attache, et muni d'un grand nombre d'épis floraux mâles.

Houiller supérieur. Mines de Montaud (Loire).

Fig. 3. — Bourgeon floral d'un des épis du même échantillon, grossi pour montrer les anthères qui font saillie à son sommet.

Dessiné d'ap. nat. et lith. par Cuisin.

Imp. Lemercier, r. de Seine 57, Paris.

PLANCHE CLXXVI.

PLANCHE CLXXVI.

EXPLICATION DES FIGURES.

FIG. 1. — **Dicranophyllum gallicum.** GRAND'EURY. — Empreinte d'un fragment de rameau, garni de ses feuilles deux fois divisées en fourche. Cet échantillon a été figuré le bas en haut : il présente un rameau déjà âgé, dont les feuilles sont complètement réfléchies vers le bas, et non pas dressées.

Houiller supérieur. Mines d'Ahun, puits Francis-Robert (Creuse).

FIG. 2. — **Dicranophyllum gallicum.** GRAND'EURY. — Sommet d'un jeune rameau, garni de nombreuses feuilles dressées.

Houiller supérieur. Mines d'Ahun, puits Francis-Robert (Creuse).

FIG. 3. — **Walchia piniformis.** V. SCHLOTHEIM, sp. — Fragment de rameau, garni de feuilles et de ramules feuillés.

Permien inférieur. Lodève (Hérault).

FIG. 4. — **Walchia hypnoides.** BRONGNIART. — Fragment de rameau, garni de feuilles et de ramules feuillés.

Permien inférieur. Lodève (Hérault).

Dessiné d'ap. nat. et lith. par C. Cursin.

www.ingramcontent.com/pod-product-compliance
Lightning Source LLC
Chambersburg PA
CBHW061252030726
47595CB00001B/16